만화로 이해하는
흙과 비료 이야기

흙과 비료 더하기

토양과 비료를 만화로 그리면서 ①

안녕하세요? 현해남 교수님!

예, 안녕하십니까? 반갑습니다.

토양관리에 대해 궁금한 것이 많아요.

궁금한 만큼 어려운 부분도 많지요.

토양을 제대로 알려면 물리, 화학, 수학 등 농업인이 접근하기에 어려운 부분이 많습니다.

그래서 토양이 농사의 기본인 것은 알면서도 토양을 이해하는 데 어려움이 많아요.

토양은 화학, 물리, 생물 등 모든 자연과학의 종합체인데

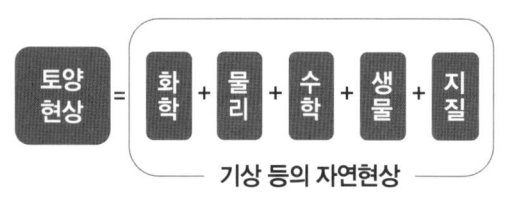

화학은 어려운 화학식으로 설명해야 되고

$(NH_2)_2CO + 2H_2O \leftrightarrow (NH_4)_2CO_3$

요소는 물에 녹아…

물리는 복잡한 수학식을 이용해야 겨우 해결할 수 있고

$f(\%) = (1 - pb/pp) \times 100$

그래도 생물은 조금 쉬운 편이죠?

토양과 비료를 만화로 그리면서 ②

만화는 꼭 그림을 잘 그리는 사람의 몫이 아니라는 걸 보여준 사람이 윤승운 화백입니다. 윤 화백은 〈맹꽁이 서당〉 등 많은 교육용 만화를 그렸는데, 그림이 서툴고 선이 단순하지만 수십 권을 그렸습니다. 아래 그림은 황희 정승에 대한 만화인데, 그림은 어설퍼도 내용이 잘 전달될 수 있으면 충분히 만화로서의 가치가 있음을 보여줍니다.
여기에 용기를 얻어 토양과 비료와 관련된 만화를 그릴 생각을 했습니다.

토양과 비료를 만화로 그리면서 ③

제 만화는 크게 세 부분으로 구성되어 있는데,

- **전개부분** → 농업인이 궁금한 내용을 대화로 전개하여 만화의 전체적인 내용 암시
- **원리와 내용** → 현장에 적용할 수 있는 부분을 학술적인 측면에서 설명하고 이해시키는 내용
- **실제 적용방법** → 어떻게 토양을 관리하고 비료를 사용해야 할지에 대한 마무리 설명

전개부분에는 농업인의 입장에서 궁금증을 제시하는 내용을 3~4컷으로 그리고

원리와 내용부분에는 제가 갖고 있는 지식을 이용하여 그림으로 설명하고

뿌리 가로채기는 토양표면의 양분(K)과 뿌리 표면의 수소(H)가 서로 교환하면 흡수되고

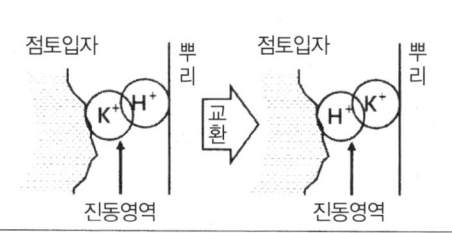

마지막에는 만화내용과 농업인에게 하고 싶은 내용으로 마무리 지었습니다.

화학비료든 유기질비료든 일단 물에 용해되어 이온 또는 분자량이 작은 형태로 변화되고 뿌리와 접촉이 되어야 흡수됩니다. 그래서 모든 비료는 물에 용해되는 정도에 따라 흡수가 결정됩니다.

처음 욕심으로는 대학에서 배우는 학술적인 내용과 농업인이 현장에서 제기하는 많은 내용을 모두 자세히 다루고 싶었는데…

만화라는 표현의 한계 때문에 너무 어렵게 그릴 수도 없고

조금은 과장하거나 너무 어려운 부분은 빼기도 하고, 중복해서 그린 것도 있어요.

:::: 토양과 비료를 만화로 그리면서 ④

그러면 현 교수님은 흙과 비료에 대해 통달하고 계시겠네요?

천만의 말씀입니다. 대학, 농촌진흥청, 농업기술원과 기술센터의 많은 연구자와 지도사들이 조사하고 연구한 것을 제가 이용한 것뿐입니다.

그래서 실제 만화의 저자는 이들 연구자와 지도사들입니다.

지난 10년 넘게 〈농민신문〉과 〈디지털농업〉에 그려온 것이어서 비슷한 내용을 중복해서 그린 것도 있고

이 만화책은 농업인이 토양과 비료를 잘 이해하여 건전한 토양을 만들고 좋은 품질의 농산물을 생산하는 데 도움을 주기 위해 만든 것입니다.

비료공정규격이 개정되면서 부산물 비료가 부숙비료로 용어가 바뀐 것들도 있습니다.

농업인 교육용으로 사용하고자 할 때는 미리 농민신문사 출판기획부(02-3703-6136)로 협의하시면 됩니다.

2022. 03 제주대학교 교수 현해남

| 저자 소개 |

- (현) 제주대학교 명예교수
- (현) 농민신문 디지털농업 "흙과 비료 이야기" 고정 필진
- 2010 ~ 현: 한국비료협회 무기질비료발전협의회 위원장
- 1989 ~ 2021: 제주대학교 생명자원과학대학 토양비료학 교수
- 2008 ~ 2021: 제주농업마이스터대학장
- 2008 ~ 2010: 제주대학교 생명자원과학대학장
- 2012: 한국토양비료학회장
- 2012 ~ 2014: 제20차 세계토양학회 조직위원장
- 2007 ~ 2013: 친환경농자재 토양개량·작물생육전문위원회 위원장

밴드로 정보를 얻는 흙과 비료 이야기

| 우선, 스마트폰의 플레이스토어에서 「네이버 밴드」 앱을 다운받아 설치하고  | 밴드 찾기에서 "흙과 비료와 벌레 이야기"를 검색하여 아래 밴드를 터치하고  농업인을 위한, 농업인에 의한, 농업인의 밴드! |

| 가입을 신청하고 프로필에 본명, 거주 지역, 재배작물을 기재하면 되는데  홍길동(장성, 벼, 고추) | 프로필에 거주 지역, 재배작물을 기재해야 정보 교환이 쉽습니다.  홍길동(장성, 벼, 고추) |

「흙과 비료 이야기」 밴드는 〈디지털농업〉에서 모두 설명하지 못하는 내용을 보완하기 위해 만든 것입니다. 이곳에서는 서로 대화하면서 지식을 넓힐 수 있습니다.

〈디지털농업〉에 실렸던 만화가 아주 잘 설명되어 있는데? 내로라하는 일류 농사꾼이 모두 모였네!

와, 질문하면 답변이 금방금방! 벌써 회원이 이렇게나 많아요?

만화로 그리면 될 것을 왜 밴드를 시작했어요?

1999년 〈농민신문〉을 시작으로 〈디지털농업〉까지 15년 넘게 300개 주제가 넘는 흙과 비료 지식을 연재해 왔습니다. 이제 그 내용들을 좀 더 자세하게 설명하고, 농업인들의 궁금증과 애로사항을 해결해드리기 위해 시작했습니다. 많이 가입해 서로 정보를 공유하세요.

한반도는 어디서 왔을까?

한반도(화살표)는 지구의 육지가 한 덩어리였던 판게아 시기인 2억 년 이전부터 북반구에 있었는데

대륙판이 서서히 이동하면서 인도가 중국 대륙으로 향하던 1억 8천만 년 전에 지금의 위치로 이동했으며

인도가 중국 대륙을 향해 매년 5~20cm씩 이동하여 중국 대륙과 충돌함으로써 히말라야산맥이 만들어졌고 대륙판이 점점 더 벌어져서 현재의 지구 모양이 되었습니다. 지금도 대륙판은 조금씩 이동하고 있습니다.

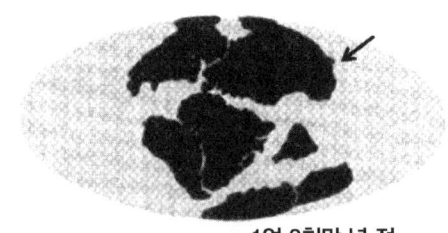

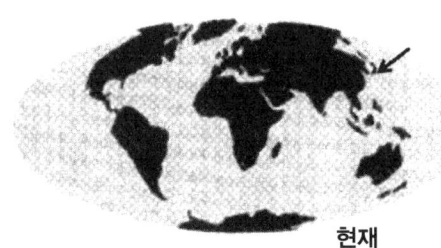

그래요? 우리 토양이 아주 오래되었다는 얘기네요?

예, 맞습니다. 암석은 오랜 기간 동안 풍화작용을 거쳐 토양층위를 만드는데

한반도 토양의 주요 모암은 화강암과 화강암이 변성된 화강편마암으로

- 기타 45.3%
- 화강편마암계 32.4%
- 화강암계 22.3%

석영, 장석류, 운모류가 주성분이며 규소와 알루미늄 함량이 많아 매우 느리게 풍화되며

화강암
- 석영 SiO_2
- 백운모 $KAl_3Si_3O_{10}(OH)_2$
- 정장석 $KAlSi_3O_8$
- 흑운모 $KAl(Mg, Fe)_3Si_3O_{10}(OH)_2$
- 각섬석 $Ca_2Al_2Mg_2Fe_3Si_6O_{22}(OH)_2$
- 휘석 $Ca_2(Al,Fe)_4(Mg, Fe)_4Si_6O_{24}$
- 감람석 $(MgFe)_2SiO_4$

풍화속도: 느림 → 빠름

우리나라는 온난습윤기후여서 유기물의 분해가 빨리 일어나고 풍화과정에서 K, Ca, Mg이 용탈되면서 산성토양으로 변하고

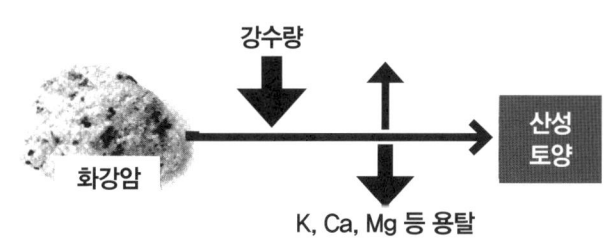

규소판과 알루미늄판이 1:1인 카올리나이트라는 점토가 만들어집니다.

Kaolinite(고령토)

카올리나이트가 어떤 점토예요?

카올리나이트는 양이온교환용량(CEC)이 낮고 양분을 보유하는 능력이 낮기 때문에 적당한 양분을 유지하는 것이 쉽지 않으며

Kaolinite	2~15	1:1형
illite	20~40	2:1형
Montmorillonite	80~150	
vermiculite	100~200	

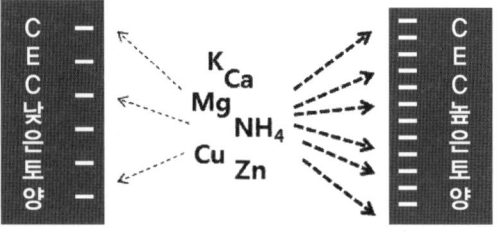
양이온으로 흡수되는 NH_4^+, K^+, Ca^{++}, Mg^{++}, 미량원소(Cu^{++}, Zn^{++} 등)를 흡착하는 용량이 낮습니다.

오호! 이게 무슨 의미를 갖지요?

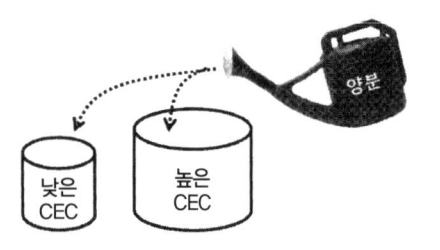
비료의 양을 정확하게 조절해야 되는 토양이라는 것을 의미하기 때문에 토양조사의 중요성이 매우 큰데

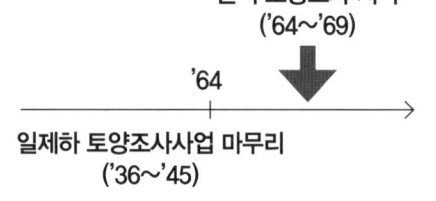
토양조사는 일제강점기 때부터 시작되어 국제연합개발계획(UNDP)의 협조를 받아 1964년부터 본격적으로 시행되었으며

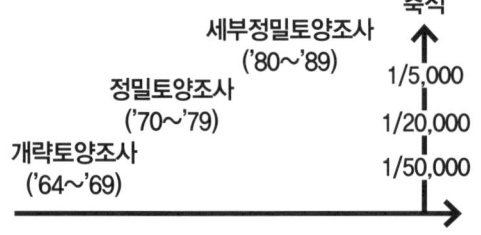
개략토양조사, 저위생산지 분포조사, 정밀토양조사, 세부정밀토양조사를 진행시켜 점점 더 정밀한 토양조사를 거쳐

「흙토람」과 같이 농가 필지별 토양 특성에 맞게 과학적 관리를 할 수 있는 걸작을 만들었습니다.

지금 우리가 이용하는 모든 토양정보가 쉽게 얻어진 것이 아니네요?

어떤 내용들이 있어요?

지난 50년 동안 학술적으로 중요한 내용과

농업인들이 실제로 이용할 수 있는 다양한 조사결과를 정리하여 한눈에 볼 수 있는 토양정보시스템인 「흙토람」에 수록했습니다.

우선 우리나라 농경지를 학술적으로 분류하고 아래 자료와 같이 적성에 따라 5개 급지(Ⅰ, Ⅱ, Ⅲ, Ⅳ, Ⅴ급지)로 나누어 토양을 관리할 수 있도록 하는 계기를 만들었고

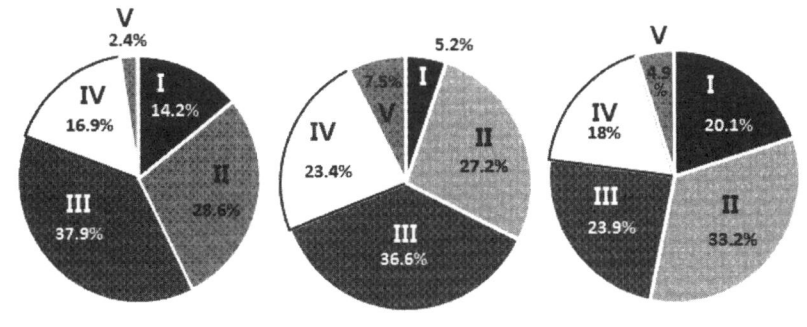

Ⅰ급지: 최적지
Ⅱ급지: 저해요인이 일부 있음
Ⅲ급지: 저해요인 많음
Ⅳ급지: 생산성 매우 낮음
Ⅴ급지: 농경지 이용 곤란

우리나라라고 모두 같은 토양이 아니네요?

그렇습니다. 토양은 미국 농무부의 신토양분류법(Soil Taxonomy)에 따라 12개 목(order)으로 나뉘는데

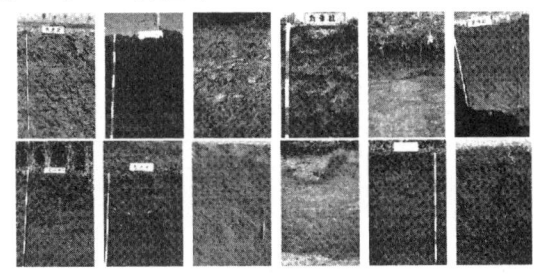

풍화정도에 따라 토양목을 나누어보면, 우리나라는 온난습윤기후에다 토양 생성연대가 길어서 울티솔(Ultisols)과 알피솔(Alfisols)이 많이 생길 수 있는 조건이지만 모암이 화강암이고 산악지가 많아 침식이 심하게 일어나 풍화정도가 낮은 엔티솔(Entisols)과 인셉티솔(Inceptisols)이 82.9%로 비율이 높습니다.

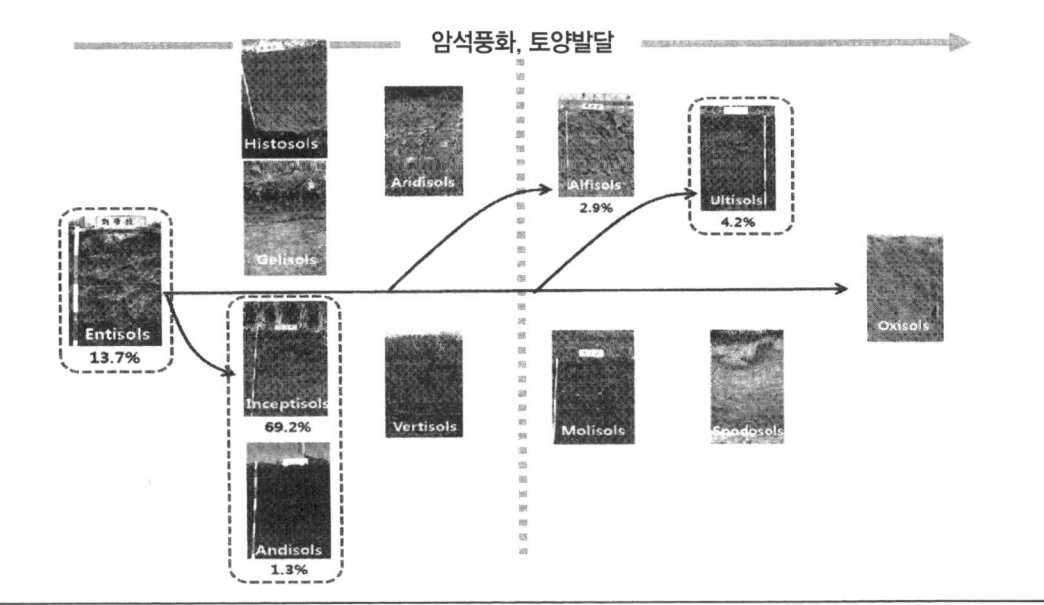

좀 더 자세히 설명하면, 습윤한 기후에서 발견되는 울티솔(Ultisols)과 알피솔(Alfisols)은 8.1%에 불과하고 제주도를 제외한 다른 토양은 모두 엔티솔(Entisols)과 인셉티솔(Inceptisols)이라는 얘기입니다.

〈표〉 우리나라에 분포하는 토양의 분류

목 (7)	아목 (14)	토양통 (391)	비율 (%)
Inceptisols	Aquepts	77	69.2
	Udepts	133	
Entisols	Aquents	14	13.7
	Fluvents	13	
	Orthents	18	
	Psamments	20	
Ultisols	Udults	28	4.2
Alfisols	Aqualfs	7	2.9
	Udalfs	37	
Andisols	Udands	39	1.3
	Vitrands	1	
Mollisols	Udolls	2	0.1
Histosols	Saprists	1	0
	Hemists	1	

이렇게 다양한 토양을 어떻게 관리해야 하지요?

뚱뚱한 사람은 과다한 영양 섭취를 줄이고 병약한 사람은 영양을 많이 보충해야 하듯이 토양분석을 거쳐 그에 맞는 비료를 사용하는 것이 최선이어서

나는 채소!

고기 빨리 주세요!

그동안 무려 9백만 점이 넘는 토양을 분석하고

연도	점수	연도	점수	연도	점수	연도	점수
1980	68,236	1990	–	2000	206,587	2010	473,498
1981	48,853	1991	82	2001	278,913	2011	501,012
1982	119,710	1992	439	2002	233,398	2012	576,680
1983	106,887	1993	868	2003	278,137	2013	570,161
1984	230,418	1994	877	2004	238,769	'14.2.2.	18,958
1985	5,767	1995	347,796	2005	231,873	합계	9,277,184
1986	31,765	1996	789,682	2006	286,116		
1987	6,508	1997	810,952	2007	325,367		
1988	194	1998	826,971	2008	345,328		
1989	–	1999	458,221	2009	858,161		

비료사용 처방식을 개발하여

- 규산시비량 계산의 예
  규산질비료(kg/10a)=(157-토양 SiO_2)×4.2

112작물에 대한 비료사용 처방기준을 만들고, 이러한 자료들을 모아

전국 농경지의 모든 정보를 인터넷, 모바일 폰으로 현장에서 이용할 수 있는 세계 유일의 토양정보시스템인 「흙토람」을 만들었는데

「토양과 농업환경」에서는 토양과 관련된 모든 기본 자료를 볼 수 있고

흙에 대한 흥미로운 이야기와 지식을 모아놓은 「흙사랑」코너,

작물재배와 농경지 토양상태를 알 수 있는 「토양환경지도」 코너.

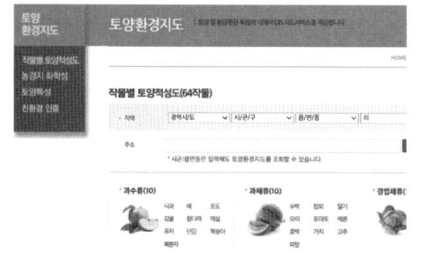

농경지 지번만 입력하면 모든 토양분석 정보를 알 수 있는 「비료사용처방」 코너.

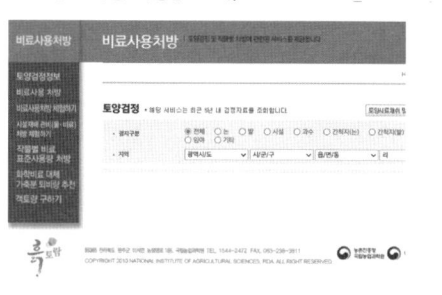

작물재배적지, 농경지 화학성, 토양 특성, 토양통에 대한 모든 통계를 쉽게 찾아볼 수 있습니다.

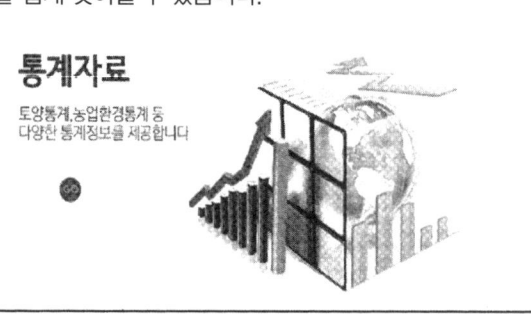

스마트폰으로도 이용할 수 있어요?

현장에서도 스마트폰으로 언제든지 이용할 수 있는 시스템이 갖추어져 있습니다. 이런 모든 자료들이 지난 50년 동안 토양비료 연구자가 이루어낸 노력의 결실입니다.

흙토람은 세계 어디에 내놓아도 자랑할 수 있는 세계 유일의 인터넷과 모바일 폰을 이용한 토양정보시스템입니다.

모든 토양 정보가 내 손안에 있소이다!

이 사람, 너무너무 좋아하는구먼.

오늘도 토양비료 연구자는 전국 농경지를 조사하고 더 나은 토양정보를 제공하기 위해 노력하고 있습니다.

차례 3권 흙과 비료 더하기

제1부  비료 보는 눈

- 20 달라진 비료 분류 방법
- 22 비료의 구분과 역할
- 24 비료는 어떤 양분비율로 제조할까
- 26 무기질비료 포장지 보는 방법(1)
- 28 무기질비료 포장지 보는 방법(2)
- 30 포대 뒷면의 비료 생산업자 보증표를 보자
- 32 무기질과 유기질비료의 조화

제2부  무기질비료(복합비료)

- 34 복합비료 분류에 대한 기본 지식
- 36 공기로 빵을 만들게 한 요소비료
- 38 비료 효과가 나타나는 속도의 차이는?
- 40 물에 녹는 비료, 안 녹는 비료
- 42 구용성, 가용성, 수용성 인산의 차이는?
- 44 수도용과 원예용 비료가 다른 이유
- 46 원예용과 수도용 비료의 차이는
- 48 원예용 비료에 황이 꼭 필요한 이유
- 50 과일 당도를 높이려면 어떤 비료가 좋을까?
- 52 작년에 시비한 비료도 쉽게 흡수될까
- 54 미래에는 어떤 비료가 인기가 있을까?
- 56 관비재배의 장점
- 58 빅뱅, 원소주기율표, 식물양분 이야기(아미노산의 탄생)
- 60 빅뱅, 원소주기율표, 식물양분 이야기(16개 필수원소)

차례 3권 흙과 비료 더하기

제3부 미량요소, 영양제, 미네랄비료

- 62 미량요소복합비료 구입할 때 주의할 점
- 64 미량요소는 어떤 것이 중요할까
- 66 붕사, 붕산, 붕소의 차이는
- 68 영양제 보는 법
- 70 가루형과 병에 든 수용성 비료의 가격 차이는
- 72 병에 든 영양제를 고가에 구입하면 바보 농업인
- 74 미네랄 비료의 허상

제4부 유기질비료

- 76 혼합유박과 혼합유기질비료의 차이
- 78 퇴비와 유기질비료의 차이
- 80 유기질비료와 퇴비의 효과 방식이 다른 점
- 82 비싼 유기질비료와 싼 유기질비료 고르는 법

제5부 퇴비

- 84 적정한 퇴비 사용량은?
- 86 퇴비 제조과정에서 일어나는 현상
- 88 퇴비도 많이 주면 이런 피해가
- 90 냄새나는 퇴비는 효과가 낮은 이유
- 92 퇴비에 적절한 톱밥 비율
- 94 퇴비제조에 사용하는 부자재와 첨가제 효과
- 96 석회, 인산질비료와 퇴비의 궁합
- 98 21복비와 퇴비의 양분 비교

제6부 퇴비차 제조하기

- 100 녹차 같은 퇴비차
- 102 유기농 퇴비차 만들기
- 104 퇴비차 칼슘제 만들기
- 106 쉽게 만드는 효과 좋은 퇴비차

제7부 엽면시비

- 108 엽면시비 농도는 얼마가 좋을까(1)
- 110 엽면시비 농도는 얼마가 좋을까(2)
- 112 엽면시비는 요소와 21복비 중에 어느 것이 좋을까?
- 114 칼슘 엽면시비가 필요한 이유
- 116 엽면시비용 붕소비료 쉽게 만들기
- 118 엽면시비용 칼슘비료 만들기
- 120 붕소 농도를 다르게 사용해야 하는 이유

제8부 산성토양 개량제

- 122 토양개량제 용도별 이해하기
- 124 석회질비료와 알칼리분
- 126 패화석 비료란
- 128 신싱토양 개량하는 되비의 조건
- 130 석회질비료와 다른 비료 혼합할 때 주의할 점

차례 3권 흙과 비료 더하기

제9부 염류집적

- 132 하우스 토양에 염류가 높아지는 원인
- 134 하우스에는 퇴비가 좋을까 유기질비료가 좋을까?
- 136 하우스 토양의 염분과 염류집적의 차이
- 138 시설재배에서 토성과 염류 장해
- 140 염류집적에 퇴비를 조심해야 하는 이유
- 142 녹비작물의 하우스 토양 제염 효과
- 144 염류집적을 시키는 무기질비료와 아닌 비료의 차이는

제10부 바닷물 이용

- 146 바닷물 이용 농법의 득과 실
- 148 바닷물과 요소 엽면시비 희석의 닮은 점

제11부 유기농자재

- 150 비료와 유기농자재의 차이
- 152 유기농을 시작할 때 유의할 점
- 154 유기농 복합비료 제조하기
- 156 구아노와 랑베나이트로 만드는 유기농 복합비료

제12부 미생물비료

- 158 원리를 알면 쉬운 미생물 발효 액비
- 160 농업기술센터 미생물의 효과가 큰 사용방법은?
- 162 농업기술센터 미생물이 좋은 이유
- 164 발효 미생물에는 어떤 것들이 있을까?
- 166 생선 발효 액비는 어떻게 만들어 사용할까?
- 168 1석 2조 불가사리 발효 액비
- 170 〈대박농사〉의 GCM 농법이란?
- 172 〈대박농사〉의 GCM 효과는 숫자와 대사산물 덕분
- 174 〈대박농사〉의 GCM은 어떻게 배양할까?

제13부 흙토람(토양검정)

- 176 스마트폰으로 토양검정결과 보기
- 178 토양검정결과 간편 해석(석회고토, 패화석 선택)

제14부 소소한 지식

- 180 가뭄이 해소되는 강우량
- 182 희석배수 쉽게 계산하기
- 184 볏짚을 사료로 팔면 득보다 실이 많다
- 186 농약과 비료를 혼합할 때의 주의할 점
- 188 우리나라 점토인 고령토 만들어지는 과정
- 190 한반도 토양의 유래와 낮은 비옥도

제1부 비료 보는 눈

:::: 달라진 비료 분류 방법

— 유기질비료 있잖아?
— 진짜 유기질비료야 퇴비를 말하는 거야?
— 그게 복잡해.
— 뭐가 복잡하다는 거야?

— 유기질비료도 유기질이 원료이고 퇴비도 유기질이 원료인데, 그동안 분류가 달랐다며?
— 그렇지. 비료공정 규격이 개정되기 전까지 유기질비료와 퇴비는 다른 비료로 분류됐었지.

기존의 비료는 보통비료와 부산물비료로 크게 분류하고

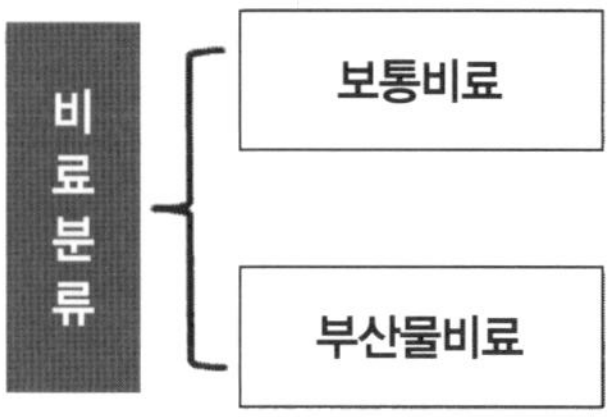

비료분류 ─ 보통비료
         └ 부산물비료

보통비료는 질소, 인산, 칼리와 같은 작물양분을 보증하는 비료이고

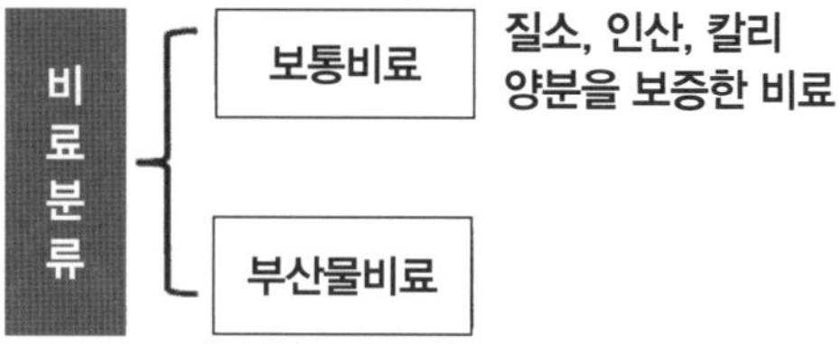

비료분류 ─ 보통비료 : 질소, 인산, 칼리 양분을 보증한 비료
         └ 부산물비료

부산물비료는 작물양분에 대한 기준은 없고 유기물은 보증하고 유해물질은 초과하지 못하도록 규제하는 규격만 있었습니다.

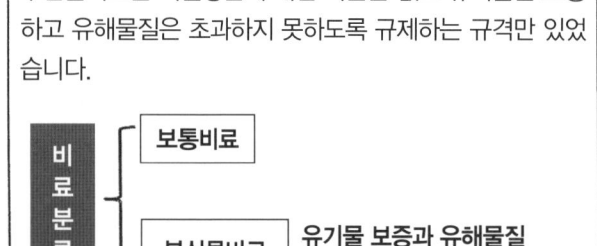

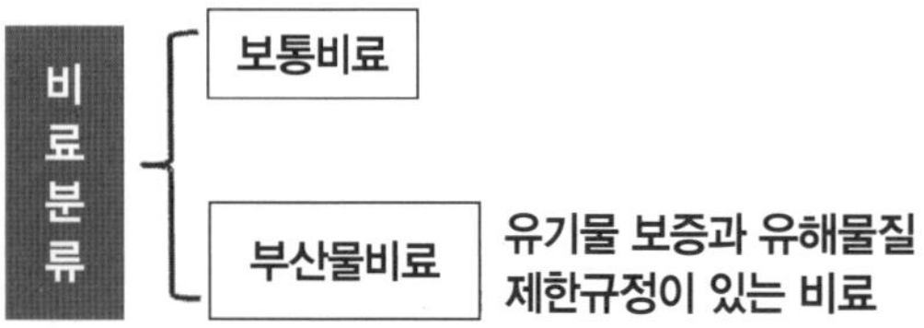

— 그래요?
— 그동안 유기질비료와 부산물비료 퇴비가 분류가 다른 비료였군요.

기존의 분류는 양분을 기준으로 보통비료는 양분을 보증하고, 부산물비료는 양분을 보증하지 않기 때문에

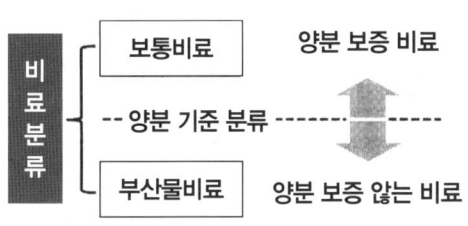

질소 4%, 인산 1%, 칼리 1% 이상을 보증하는 유기질비료는 보통비료로 분류하고 퇴비는 부산물비료로 분류했는데

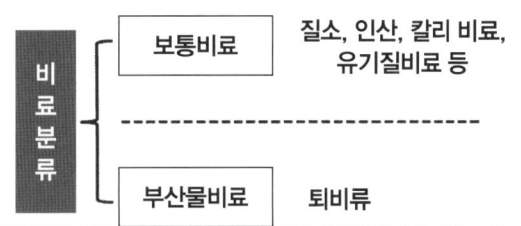

농업인들은 유기질비료와 퇴비를 같은 종류의 비료로 인식하는 경우가 많습니다.

유기질비료 = 퇴비

그래서 지난 2012년 7월 원료를 기준으로 분류하여 유기질비료를 부산물비료에 포함시키고

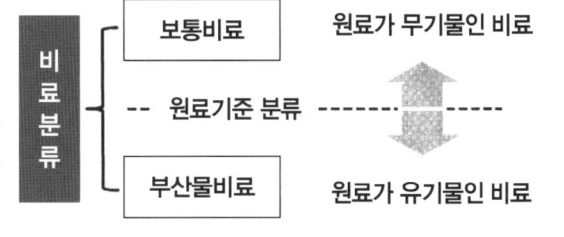

부산물비료는 다시 부숙유기질비료와 유기질비료로 나누고

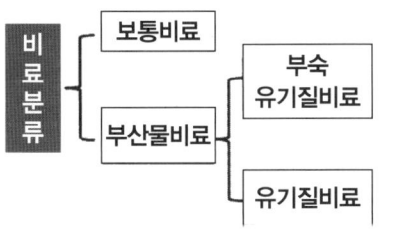

부숙유기질비료는 퇴비 등 부숙과정을 거치는 비료, 유기질비료는 식물성 유박 등 부숙과정이 없는 비료로 분류했습니다.

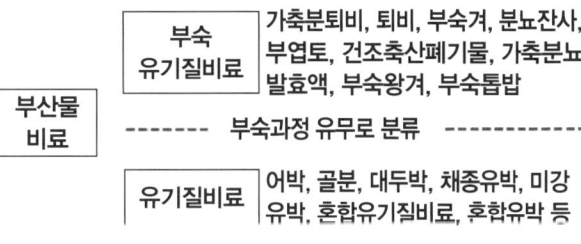

원료를 기준으로 분류하니까 편하군요.

예, 맞습니다. 그동안 비료를 어떻게 분류하느냐에 대해 여러 번 논의를 거쳐 유기질비료를 부산물비료에 포함시키는 비료규정을 개정했습니다. 그래서 이제는 무기물이 원료인 비료와 유기물이 원료인 비료로 크게 나눌 수 있습니다.

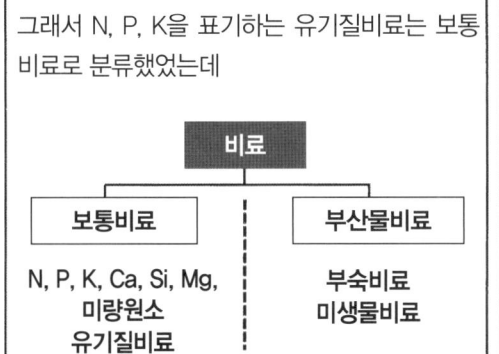
그래서 N, P, K을 표기하는 유기질비료는 보통비료로 분류했었는데

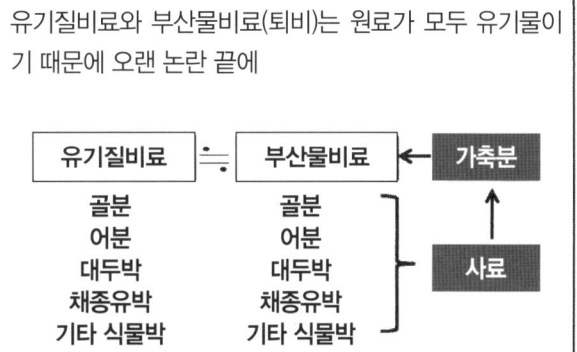
유기질비료와 부산물비료(퇴비)는 원료가 모두 유기물이기 때문에 오랜 논란 끝에

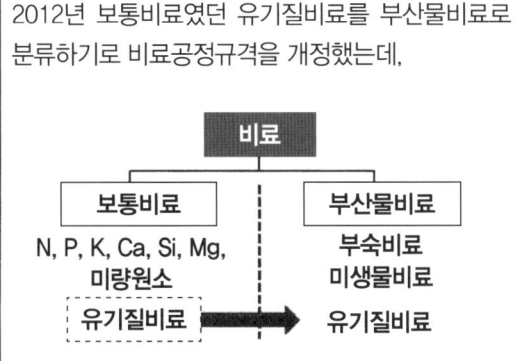
2012년 보통비료였던 유기질비료를 부산물비료로 분류하기로 비료공정규격을 개정했는데,

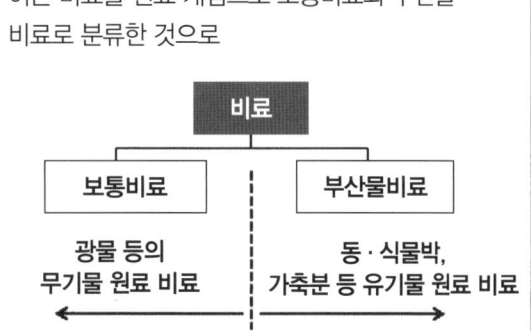
이는 비료를 원료 개념으로 보통비료와 부산물비료로 분류한 것으로

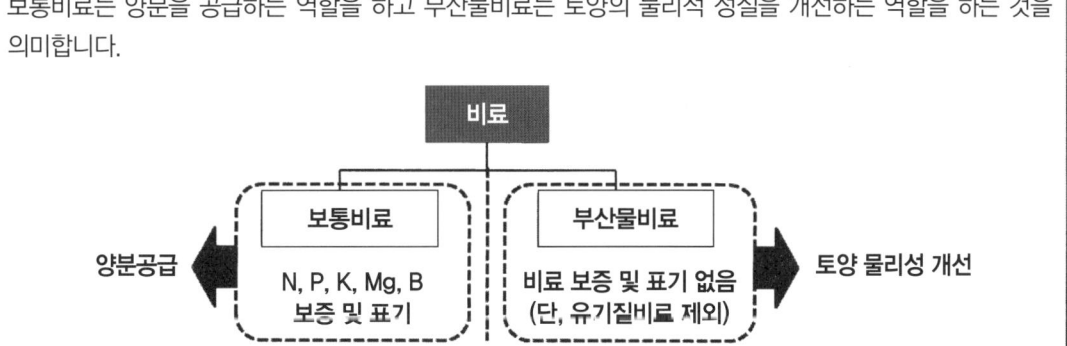
보통비료는 양분을 공급하는 역할을 하고 부산물비료는 토양의 물리적 성질을 개선하는 역할을 하는 것을 의미합니다.

아하, 비료 분류만 이해해도 그 기능을 알 수 있겠네요?

예, 그렇습니다. 흔히 부산물비료가 보통비료의 역할을 대신할 수 있다고 얘기하는데, 이는 비료를 잘 모르고 하는 말입니다. 보통비료는 양분공급을, 부산물비료는 토양의 여러 환경을 개선하는 기능을 하는 비료이며, 이 두 비료는 작물생육에 상호 보완적인 역할을 합니다.

비료는 어떤 양분비율로 제조할까?

식물양분으로는 매우 중요한 물, 이산화탄소, 3요소, 다량요소, 미량요소가 있는데

- 물, 이산화탄소
- 3요소: N, P, K
- 다량요소: Ca, Mg, S
- 미량요소: Cl, Fe, Mn, Zn, B, Cu, Mo

식물체 구성성분으로는 C, H, O가 가장 많고 다량요소와 미량요소는 비중이 작으며

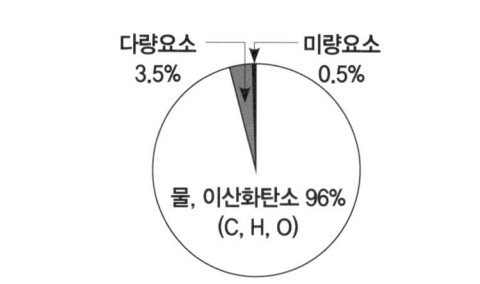

다량요소 3.5% 미량요소 0.5%
물, 이산화탄소 96% (C, H, O)

물과 이산화탄소를 제외하면 작물생육에 필요한 양도 N, P, K 》 Ca, Mg, S 〉 미량요소 순입니다.

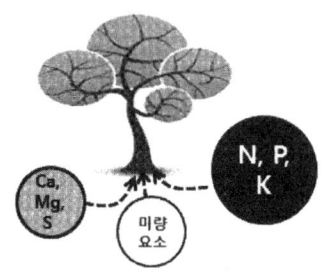

비료도 당연히 이 원리에 따라 만들겠네요?

식물의 Mo(몰리브덴) 함량을 1로 기준 잡았을 때 식물이 요구하는 양분별 함량비율은 그림과 같은데,

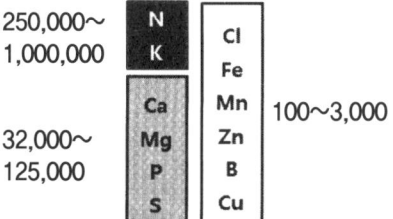

상대적인 함량으로 쉽게 표기하면 3요소, 다량요소, 미량요소 함량은 각각 약 10배씩 차이가 나게 제조해야 하므로

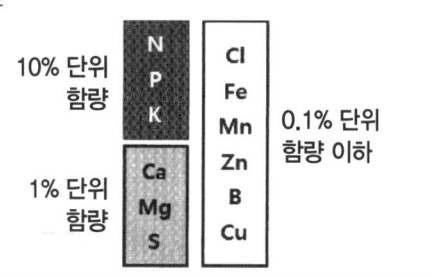

원예복비인 수박, 딸기 비료 N, P, K은 10% 단위, Mg은 1% 단위, B는 0.1% 단위의 비율로 제조하고

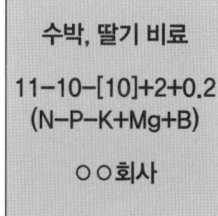

영양제라고 부르는 4종복비도 이 비율에 맞추어 제조하며

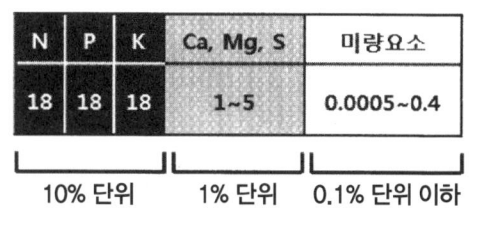

같은 영양제인 미량요소복합비료는 다량요소가 없고 미량요소만 매우 적은 양이 함유되어 있습니다.

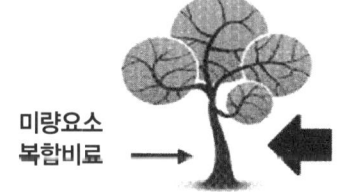

그래서 원예복비는 N, P, K에 Mg, B, Ca, S을, 4종복비는 여기에 미량요소를 넣어 제조하고, 미량요소복비는 미량요소로만 제조합니다.

아, 비료 제조에는 일정한 법칙이 있네요!

예, 그렇습니다. 원예복비는 다량요소 중심으로 제조하고 4종복비는 여기에 미량요소를 넣어 제조하는데 수용성 원료를 사용하며, 미량요소복비는 다량요소 없이 2개 이상의 미량요소만 넣어 제조합니다. 그래서 용도에 따라 비료에 어떤 양분이 어떤 비율로 함유되어 있는지 잘 보고 선택해야 합니다.

무기질비료 포장지 보는 방법(1)

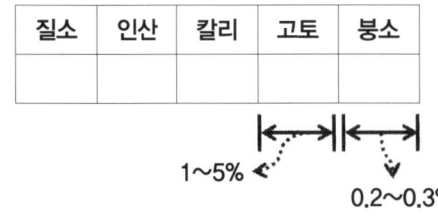

질소, 인산, 칼리의 합은 보통 30% 내외에서부터 55%까지 제조되며 농업인이 가장 많이 사용하는 21복비는 질소, 인산, 칼리 합이 55%인데, 다른 성분 없이 질소, 인산, 칼리로 가득 채워진 비료이고

질소	인산	칼리	고토	붕소
21	17	17	–	–

고추비료는 질소, 인산, 칼리 함량은 줄이고 규산, 칼슘, 유황 함량은 높인 비료이며

질소	인산	칼리	고토	붕소	규산	칼슘	유황
10	11	9	2	0.2	5	7	4

|←   30%   →| |←   16%   →|

감자비료는 황산칼리가 효과가 있어서 황산칼리가 함유된 경우에는 '[함량]'으로 표기하기도 하는데,

질소	인산	칼리	고토	붕소	규산	칼슘	유황
10	9	[13]	2	0.2	5	7	6

|←   32%   →| |←   18%   →|

그래서 질소, 인산, 칼리 함량과 규산, 칼슘, 유황 함량을 조절하면서 비료를 제조합니다.

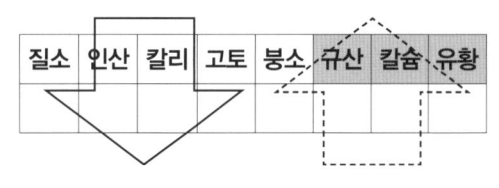

질소	인산	칼리	고토	붕소	규산	칼슘	유황

반면에 부숙유기질비료(퇴비)는 질소, 인산, 칼리 함량은 표기하지 않고 유기물 함량과 규제항목인 염분, 중금속을 표기하며

질소, 인산, 칼리	유기물	염분	중금속
표기 없음	50% 이상	1.8% 이하	As, Cd, Pb, Cr, Cu, Ni, Zn

유기질비료는 질소, 인산, 칼리 함량의 합이 7% 이상이고 규제항목인 중금속을 표기합니다.

질소, 인산, 칼리	중금속
3개 양분의 합	As, Cd, Pb, Cr, Cu, Ni, Zn

|←   7% 이상   →|←   ppm 규제   →|

아주 중요한 얘기네요?

그렇습니다. 그러나 비료포장지에 양분에 대한 정보를 소홀히 표기하는 경우가 많습니다. 앞으로는 무기질비료도 규산, 칼슘, 유황을 표기하고 퇴비도 양분함량을 명확하게 표기하여 농업인이 정확한 정보를 얻도록 해야 합니다. 농업인도 양분함량이 정확한 비료를 선택하는 것이 중요합니다.

무기질비료 포장지 보는 방법(2)

우선, 앞면의 유효 성분함량은 3요소인 N-P-K은 '-'로 연결하여 표기하고 Mg, B, Si, Ca 등은 '+'로 연결하여 표기하는데, 3요소 (N-P-K)이 많아지면 (Mg+B+Si+Ca)이 적어지며, 반대로 3요소가 적어지면 (Mg+B+Si+Ca)이 많아지는 반비례관계에 있습니다.

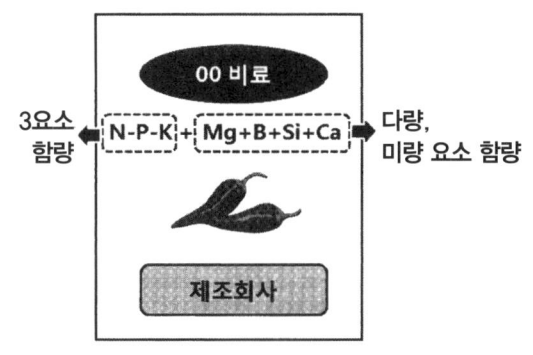

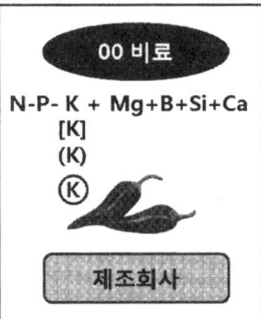

이 중에서 칼리는 [ ], ( ), ㅇ 기호로 황의 함유 여부를 표기하는데, [ ]는 황산칼리 30~40%, ( )와 ㅇ는 모두 황산칼리로 만들었다는 뜻입니다.
기호 없이 표시한 K 함량은 모두 염화칼리로 제조한 것으로 황이 없다는 것을 의미입니다.

생산업자보증표
1. 등록번호
2. 비료종류 및 명칭
3. 실중량
4. 보증성분량 → 구용성 인산 / 가용성 인산 / 인산전량
5. 생산년월일
6. 제조장 소재지 및 명칭
7. 주의사항

뒷면의 생산업자보증표의 4.보증성분량에는 인산이 「인산전량」, 「구용성 인산」, 「가용성 인산」으로 표기되어 있는데, 가용성 인산일수록 토양에서 쉽게 용해됩니다.
즉, 구용성 인산은 용성인비로 제조한 것으로 개간지 등에 적합하며, 가용성 인산은 하우스, 논토양 등에 유리합니다. 반면에 「인산전량」은 단순하게 인산함량만을 표기한 것으로 어떤 특성을 가진 인산인지는 모릅니다.

야, 무기질비료 포장지 보는 방법이 어렵지는 않네요?

예, 그렇습니다. 비료를 사용할 때 비료포장지 앞면과 뒷면을 잘 살펴서 어떤 양분이 많이 함유되어 있고 어떤 양분은 없으며, 함량이 얼마인지를 잘 검토해야 합니다. 그래야 작물에 필요한 양분을 균형 있게 사용할 수 있습니다.

포대 뒷면의 비료 생산업자 보증표를 보자

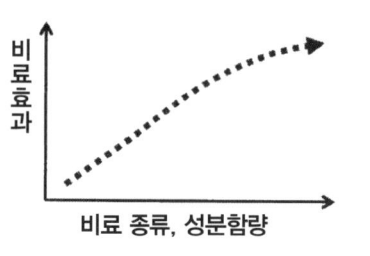
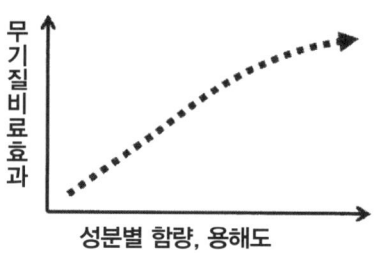
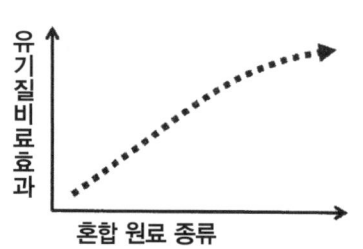

비료는 성분함량이나 원료 혼합비율이 나와 있는 뒷면의 비료생산업자보증표가 가장 중요한데,

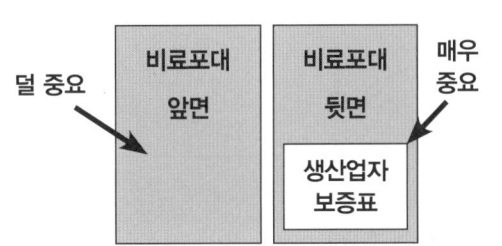

무기질비료, 4종복비, 미량요소비료는 보증 성분량이 나와 있으므로

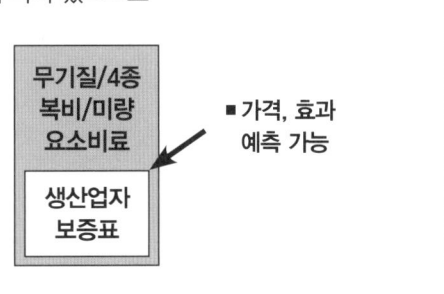

성분함량을 보고 비료 가격과 효과를 예상할 수 있으며,

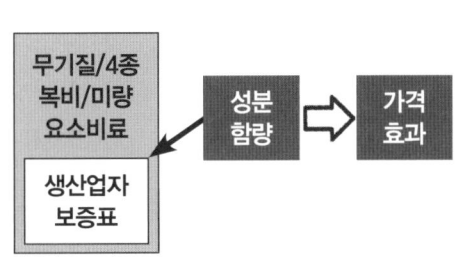

유기질비료는 어떤 원료가 많이 들어 있는지를 알 수 있으므로 효과와 가격을 알 수 있고

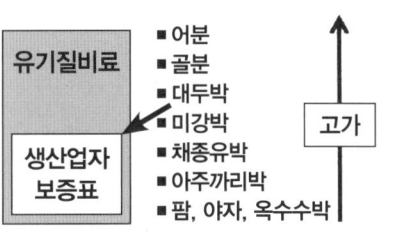

퇴비(부숙유기질비료)도 가축분, 톱밥류, 석회질비료, 미생물비료 혼합비율을 보고 잘 부숙될 수 있는지를 알 수 있어서

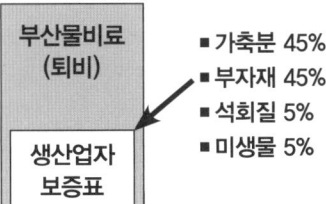

포대 뒷면의 생산업자보증표를 보면 성분함량, 가격, 효과 등 전체적인 비료품질을 예상할 수 있습니다.

비료생산업자 보증표가 정말 중요하네요.

예, 그렇습니다. 비료를 구입할 때는 반드시 비료생산업자보증표를 꼼꼼하게 살펴봐야 합니다. 비료생산업자보증표의 성분함량, 원료혼합비율을 보면 가격과 효과, 작물에 도움이 되는 비료인지 아닌지를 판단할 수 있습니다.

무기질과 유기질비료의 조화

유기질비료만 사용해도 되나?

무슨 얘기야?

유기질비료나 퇴비만 사용해도 된다고 해서…

예끼, 이 사람아!

엄연히 두 비료의 역할이 다른데 한 비료가 모든 역할을 다 한다면 노벨상 타겠네.

그래~애?

무기질과 유기질비료의 역할이 어떻게 다른지 공부해보세.

비료는 영양분 공급과 토양환경 개선을 목적으로 만들어졌는데

양분공급 / 토양환경 개선

공기의 질소, 인광석의 인산, 칼리광석의 칼리를 화학적 공정으로 물에 잘 녹도록 만든 무기질비료는 양분을,

공기 --- N
인광석 --- P
칼리광석 --- K
→ 양분공급용 무기질비료 (화학비료)

유기질비료와 퇴비는 미생물 분해과정에서 다양한 성분이 분비되어 토양의 물리성을 개량하는 효과가 있습니다.

유기질비료 / 퇴비 --미생물--> 토양환경 개선

그래요?

역할이 확연하게 구분되어 있어요?

무기질비료의 질소비료는 기체 상태의 공기 질소를 고체인 요소로 만든 것이며

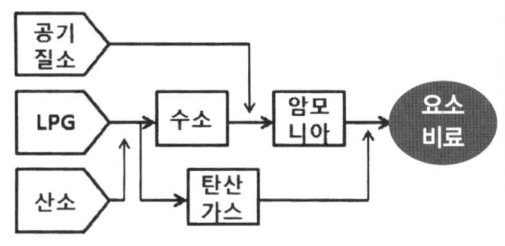

인산비료는 공룡뼈 화석암인 인광석, 칼리비료는 칼리광석에서 화학 정제과정을 거쳐서 물에 녹기 쉬운 형태로 만든 것으로

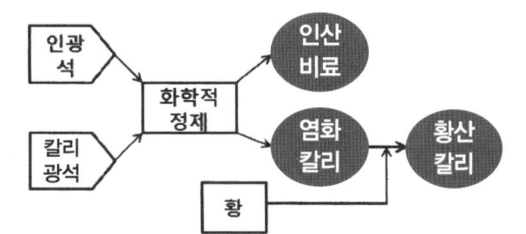

물에 잘 녹아 식물이 가장 쉽게 흡수할 수 있는 양분을 공급하며,

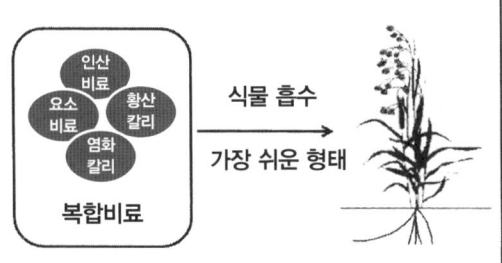

유기질비료(퇴비 포함)는 유기물의 탄수화물과 질소를 미생물이 이용하면서 다양한 성분이 분비되어

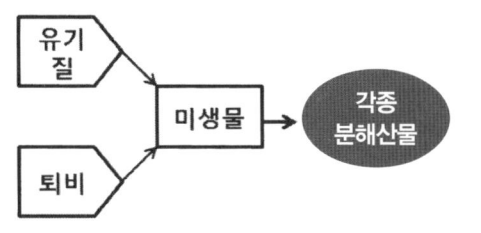

입단을 형성하여 수분 보유능력과 통기성을 좋게 하여 뿌리에 도움을 줍니다.

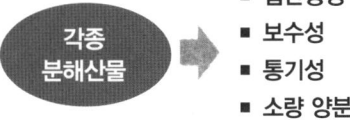

무기질비료는 양분공급, 유기질비료는 토양환경을 개선하는 것이 주 기능이며, 두 비료는 약간의 보조 기능도 갖고 있습니다.

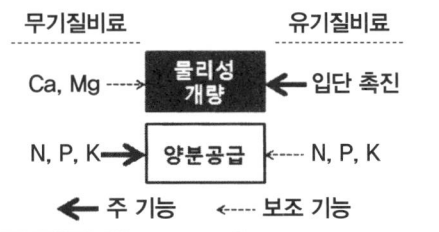

그러면 한 가지 비료에 치중해서 주어서는 안 되겠네요?

당연합니다. 무기질비료만으로도 토양환경을 개선할 수 있다거나 유기질비료만으로 작물의 수량을 높이고 품질도 높일 수 있다고 주장하면 한의사가 침 하나로 무좀에서부터 백혈병까지 다 고칠 수 있다고 터무니없이 주장하는 것과 같습니다. 비료는 무기질과 유기질을 조화롭게 사용해야 원하는 수량과 품질을 얻을 수 있습니다.

제2부 무기질비료(복합비료)

복합비료 분류에 대한 기본 지식

복합비료는 1종, 2종, 3종, 4종으로 나누는데…

다 같은 거 아냐?

같은 비료라면 왜 나누었겠나?

하긴, 자네 말도 맞네.

우리가 가장 많이 사용하는 21-17-17 복합비료와 다른 복합비료가 같을 리 없겠지.

이참에 복합비료 종류와 특성에 따라 어떤 차이가 있는지 알아보세. 그래야 비료를 잘 사용할 수 있지.

복합비료 종류는 제조방법과 원료에 따라 네 가지로 구분하는데

복합비료
- 제1종 복합비료
- 제2종 복합비료
- 제3종 복합비료
- 제4종 복합비료

비료생산업자보증표 2번 항목에 기재되며

비료생산업자보증표

1. 등록번호
2. <u>비료 종류 및 명칭: 제○종 복합비료</u>
3. 실중량
4. 보증성분량
5. 생산년월일
6. 제조장 소재지
7. 생산업자 주소 및 성명

비종에 따라 제조방법, 원료, 작물 흡수 등이 다릅니다.

- 제1종 복합비료 ┐
- 제2종 복합비료 ┘ 제조방법 차이
- 제3종 복합비료 ── 원료 차이
- 제4종 복합비료 ── 함량, 용해도 차이

어? 그렇게 중요한 걸 몰랐네!

어떤 차이가 있죠?

제1종 복합비료는 N, P, K을 화학적으로 제조한 것으로 물에 잘 녹으며

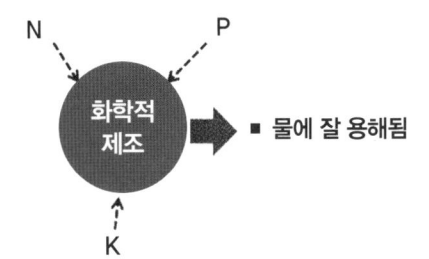

제2종 복합비료는 N, P, K을 단순히 물리적으로 혼합한 것으로 인산의 종류에 따라 물에 녹는 정도가 다릅니다.

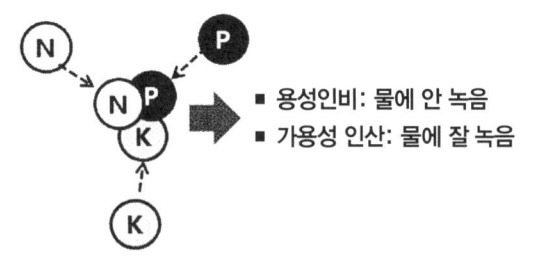

- 용성인비: 물에 안 녹음
- 가용성 인산: 물에 잘 녹음

제3종 복합비료는 유기질비료와 무기질비료를 1/2씩 혼합한 개념의 비료로

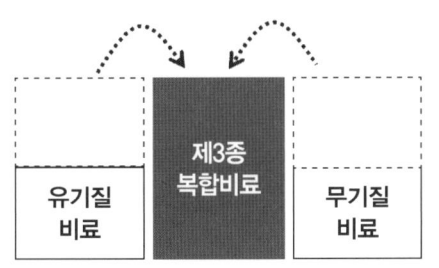

유기질 원료와 인산비료의 원료에 따라 가격 차이가 크므로 원료를 잘 봐야 합니다.

- 어분
- 골분
- 대두박
- 채종유박, 미강박
- 아주까리박
- 야자 · 팜박, 옥수수박

고가 ↑
- 가용성 인산
- 용성인비

제4종 복합비료는 수용성 인산을 사용하고 무기질비료를 더 정제한 개념의 비료로 물에 매우 잘 녹으며,

어떤 미량원소가 어느 정도 함유되어 있는지 확인해야 합니다.

제4종 복비 +
- 수용성 망간
- 수용성 고토
- 수용성 붕소
- 수용성 아연
- 수용성 구리
- 수용성 철 등

복합비료도 종류가 많고 다 다르네요?

예, 그렇습니다. 제2종 복합비료를 구입할 때는 용성인비인지 가용성 인산 원료를 사용했는지를 확인해야 하고 제3종 복합비료는 유기질비료의 원료가 무엇인지 잘 살펴보고 제4종 복합비료는 반드시 미량원소를 주의 깊게 검토해야 합니다.

요소비료를 만드는 기초를 닦은 과학자는 프리츠 하버인데

질소는 매우 안정적인 원소이기 때문에 다른 원소와 반응을 하지 않아 공기 중에 질소(N_2)로 존재하는데,

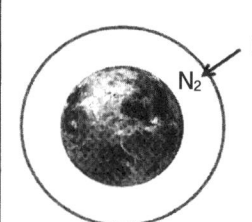

다른 원소와 반응하지 않고 분자 상태로 존재

하버는 이 질소에 1,000℃ 넘는 고온, 200기압 이상의 고압 조건에서 암모니아(NH_3)를 합성하는 데 성공했으며,

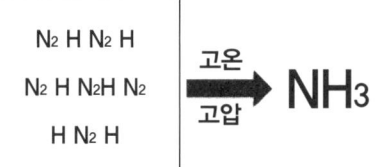

이 암모니아에 공기 중의 이산화탄소(CO_2)를 반응시켜 만든 것이 요소비료로

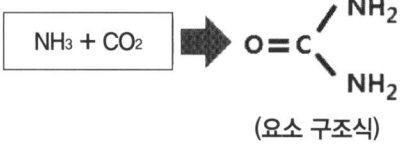

(요소 구조식)

아미노기와 카르복실기로 이루어진 아미노산과 같은 구조를 갖고 있어서 요소비료를 '아미드태 질소비료'라고 부릅니다.

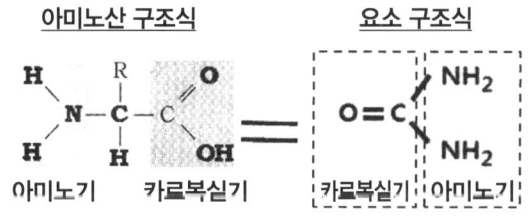

이 공로로 하버는 1918년 '공기로 빵을 만든 과학자'라는 칭송과 함께 노벨 화학상을 받았습니다.

아하, 요소비료가 그런 역사가 있군요.

예, 그렇습니다. 식물이 무기물인 질소, 물, 이산화탄소를 이용하여 아미노산을 만들듯이, 요소비료는 공기의 질소, 이산화탄소를 재료로 만들고 구조식도 아미노산과 같은 카르복실기와 아미노기로 구성되어 있어서 아미노산과 같다는 뜻의 아미드태 질소비료로 분류합니다.

비료 효과가 나타나는 속도의 차이는?

무기질비료는 속효성이지?

그러~엄 그렇게 얘기하지.

유기질비료는 지효성이고

그러면 퇴비는?

퇴비? 지효성 아닌가?

어, 유기질비료와 퇴비는 모두 같은 지효성인가?

글쎄.

뭔가 차이가 있을 것 같은데 어느 것이 더 지효성이지?

무기질비료는 광물을 원료로 화학공정 등을 거쳐서 만들고

공기질소 / 인광석 / 칼리광석 → 화학공정 → 무기질비료(복합비료)

유기질비료는 어분, 골분 등의 동물성 원료와 채종유박 등의 식물성 유박을 단순 포장하며

어분, 골분, 대두박, 미강박, 채종유박, 아주까리박, 야자, 팜, 옥수수박 → 단순포장 → 유기질비료

퇴비는 가축분, 부자재, 첨가제 등을 혼합하여 2개월 이상 부숙시켜 제조합니다.

가축분, 부자재(톱밥류), 첨가제(미생물, 석회질비료) → 부숙과정 → 부숙 유기질비료(퇴비)

원료도 다르고 제조과정도 다르니까

효과가 나타나는 속도도 다르겠네요?

무기질비료는 효과를 높이기 위해 물에 잘 녹게 하기 위한 과정을 거쳐서 제조하므로

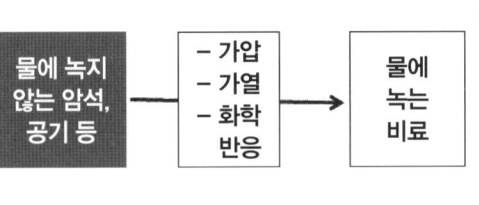

토양에 시비하자마자 효과가 빨리 나타나는 속효성이며

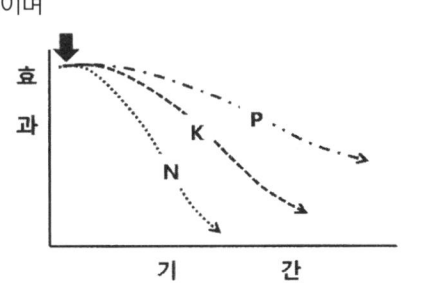

유기질비료는 시비한 후에 미생물 작용으로 양분과 대사산물이 토양에 첨가되기 때문에

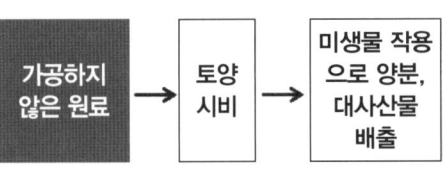

토양에 처리하여 일정 시간이 지나야 서서히 효과가 나타나기 시작하는 지효성이며,

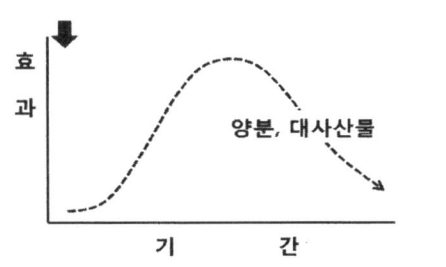

퇴비는 포대에 포장하기 전에 부숙 과정을 거치면서 미생물에 의해 수용성 양분과 대사산물이 만들어지기 때문에

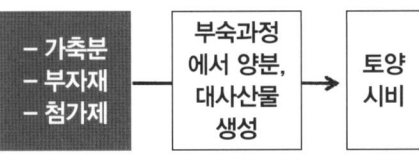

토양에 처리하자마자 효과가 나타나기 시작하여 유기질비료에 비해 속효성입니다.

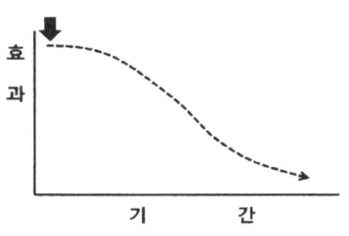

비료마다 효과가 나타나는 속도가 다르네요?

예, 그렇습니다.
무기질비료는 속효성 비료입니다. 유기질비료는 시비한 후에 미생물이 발효과정을 거쳐야 양분과 대사산물이 만들어지므로 지효성입니다. 그러나 퇴비는 부숙과정을 거친 후에 시비하기 때문에 유기질비료에 비해 속효성입니다.

물에 녹는 비료, 안 녹는 비료

비료를 물에 녹였더니

그래서?

어떤 비료는 잘 녹고 어떤 비료는 안 녹는데?

나도 그렇더라고.

이유가 뭘까?

왜 그런지 알 수 있을까?

어떤 성분이 잘 안 녹는 거야?

효과에도 차이가 있을까?

질소비료는 공기의 질소를 원료로 만들기 때문에 물에 잘 녹고

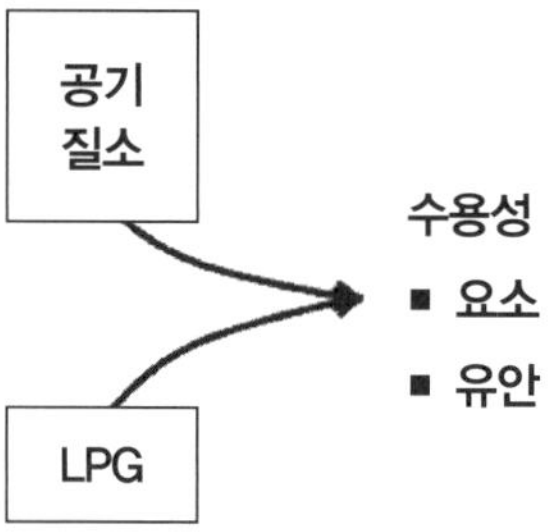

```
공기질소 ┐
         ├→ 수용성
LPG    ┘    ■ 요소
            ■ 유안
```

칼리비료도 칼리광석에서 화학적으로 정제하기 때문에 물에 잘 녹지만

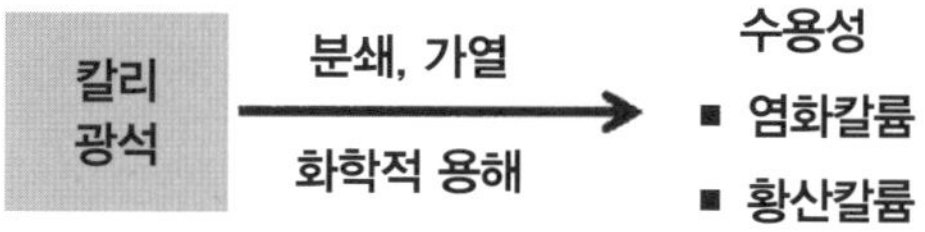

```
칼리광석 ──분쇄, 가열──→ 수용성
         화학적 용해    ■ 염화칼륨
                        ■ 황산칼륨
```

인산비료는 제조공정에 따라 녹는 정도의 차이가 큽니다.

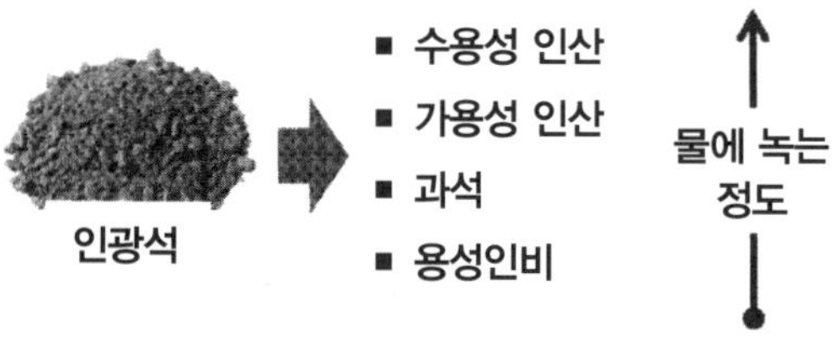

```
인광석 →  ■ 수용성 인산      ↑
          ■ 가용성 인산    물에 녹는
          ■ 과석          정도
          ■ 용성인비        ↓
```

으음. 그럼 비료 중에 물에 녹지 않는 것은 인산 성분이네요?

인산비료는 인광석을 원료로 용성인비부터 수용성 인산까지 여러 종류를 만드는데

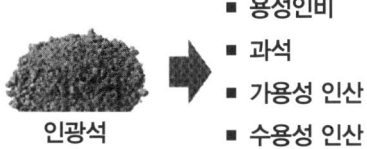

인광석에 사문암을 혼합한 뒤 1,400℃로 가열하여 제조한 것이 용성인비인데, 물에 녹지 않고 뿌리가 내뿜는 유기산에만 녹으며

인광석에 황을 첨가하여 그대로 제조한 것이 과석으로 용성인비보다 용해되는 정도가 크지만 국내에서는 생산되지 않으며,

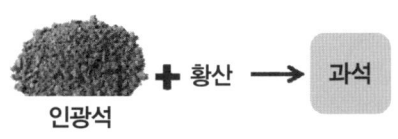

과석에서 석고를 제거하여 더 정제한 인산비료가 가용성 인산이며,

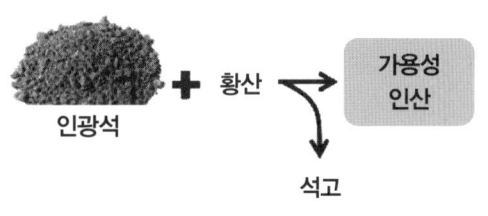

가용성 인산을 더 정제해 양액용으로 제조한 것이 수용성 인산입니다.

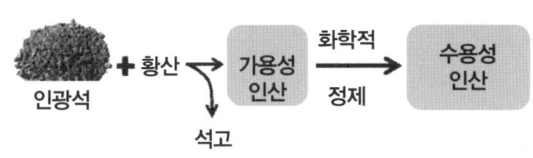

그래서 물에 잘 녹을수록 가격도 비싸고 효과도 빨리 나타납니다.

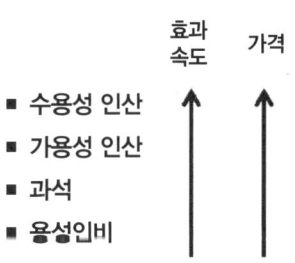

복합비료의 인산이 어떤 종류인지 알아야 되겠네요?

그렇습니다. 복합비료라고 다 같은 것이 아닙니다. 어떤 인산비료를 사용하느냐에 따라 물에 녹는 정도와 효과도 달라집니다. 그래서 비료를 구입할 때는 어떤 종류의 인산을 사용했는지 확인하는 것도 중요합니다. 특히, 논에 주는 비료는 물에 잘 녹는 가용성 인산으로 만들어야 효과가 좋습니다.

구용성, 가용성, 수용성 인산의 차이는?

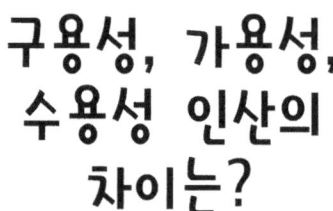

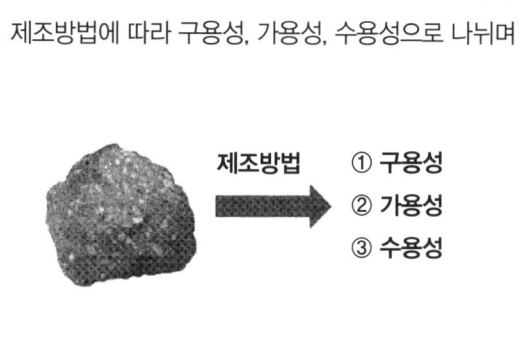
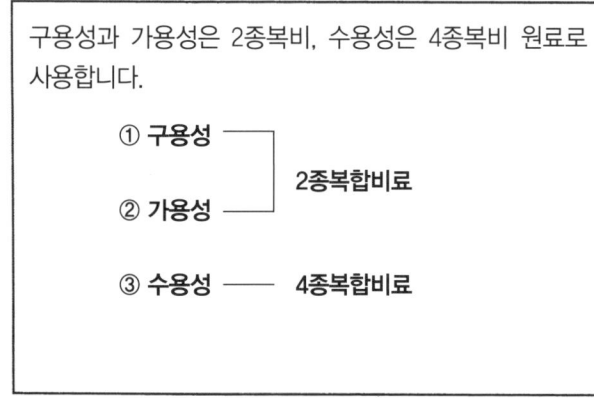

우선 인광석을 분쇄하고 사문암 등을 혼합하여 열을 가하면 구용성 인산이 되는데

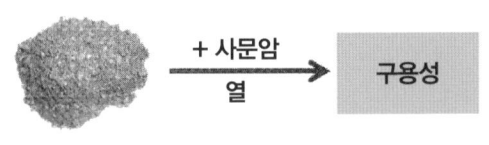

뿌리가 내놓는 약한 산과 비슷한 구연산에만 용해되고 물에는 녹지 않아 효과가 오래가지만 느리며

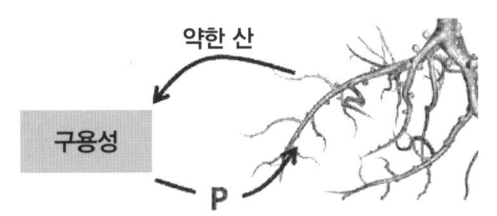

인광석 분말을 황과 반응시켜서 만든 것이 과린산석회(과석)이며,

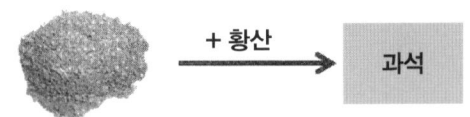

이 과정에서 Ca, S을 제거한 것이 가용성 인산이고

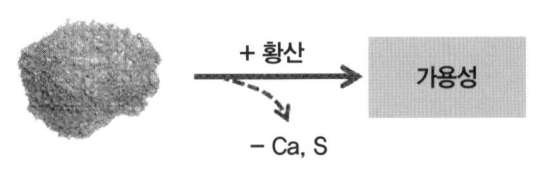

여러 공정을 거쳐서 물에 잘 용해되도록 정제한 것이 수용성 인산입니다.

그래서 비료생산업자보증표의 인산이 어떤 것인지를 보면 가격과 효과를 알 수 있습니다.

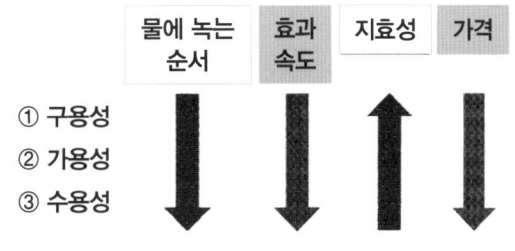

으음, 어떤 인산인지를 꼼꼼히 봐야겠네요.

예, 그렇습니다. 구용성은 효과가 오래가지만 물에 잘 녹지 않아 효과가 느리며 가용성은 가장 보편적으로 2종복비에 사용하며 수용성은 관주, 엽면시비용으로 쓰이는 4종복비에 사용합니다. 그래서 어떤 인산인지 꼼꼼히 살펴야 합니다.

수도용과 원예용 비료가 다른 이유

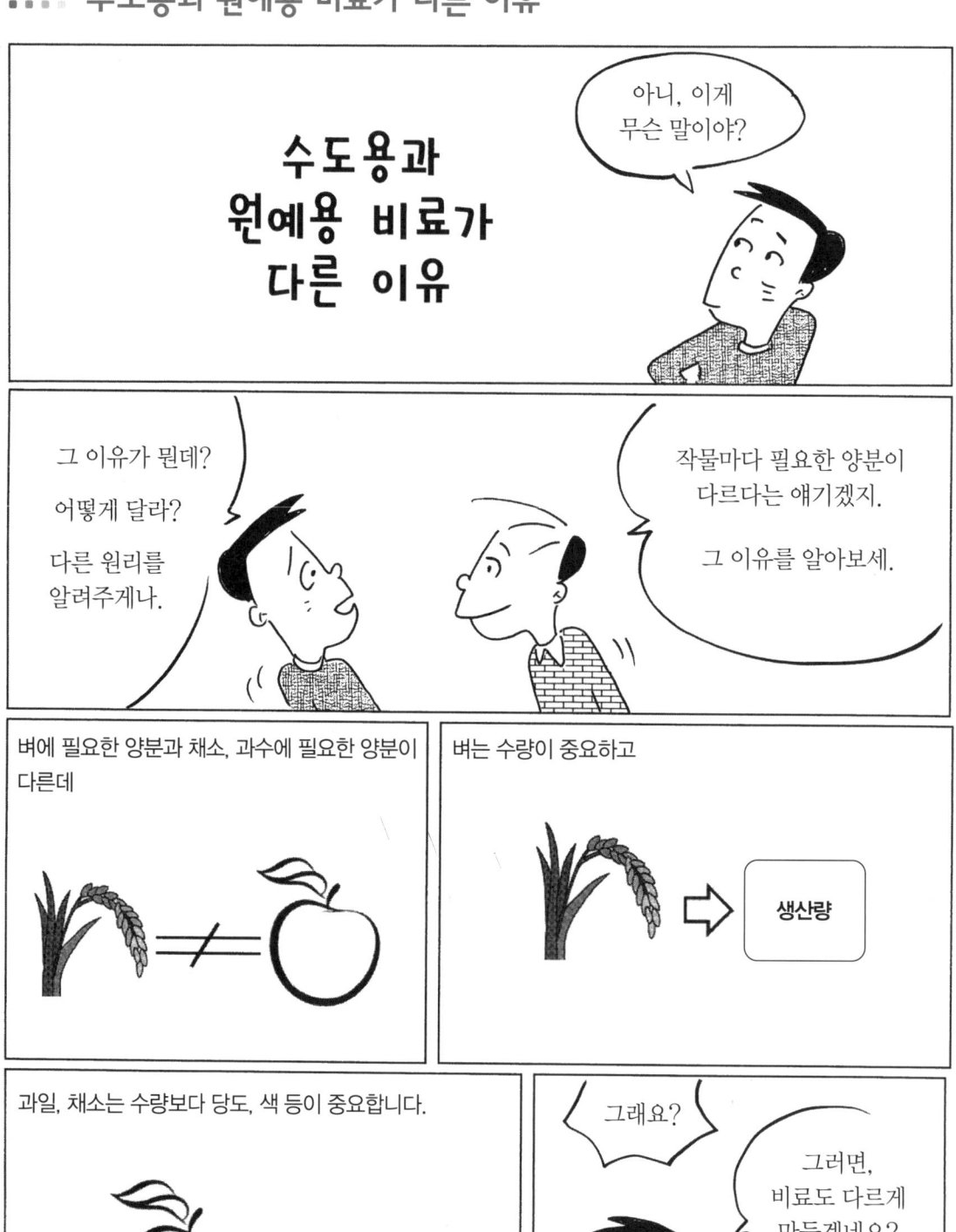

벼는 수량이 가장 중요하기 때문에 N, P, K 함량이 많게 제조하고

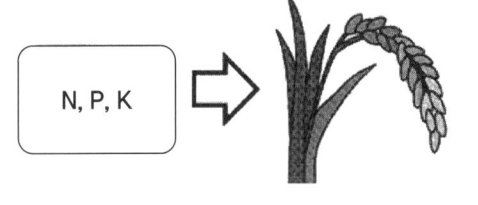

항상 물에 차 있어서 질소 유실이 많기 때문에 완효성으로 만들기도 합니다.

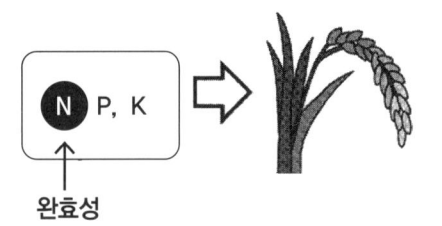

사과와 같은 과일은 당도가 중요하기 때문에 엽록소에 필요한 마그네슘을,

색을 좋게 하기 위해 황을 넣어서 만듭니다.

그래서 수량이 목적인 수도용 비료는 N, P, K에 초점을 맞추어서, 원예용 비료는 당도를 높이는 양분인 Mg, 색과 관련된 S, 신초를 좋게 하는 B에 초점을 두고 제조합니다.

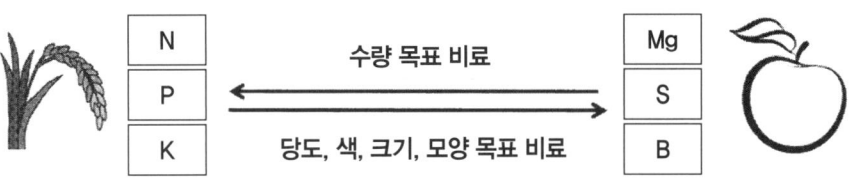

아하, 작물과 목적에 따라 비료를 잘 선택해야 하겠네요.

예, 그렇습니다. 식물양분은 각각 기능이 다릅니다. 비료는 각 양분의 특성을 고려하여 제조합니다. 따라서 작물의 특성에 맞는 비료를 선택하는 것이 현명합니다.

원예용과 수도용 비료의 차이는

- 자네 21복비 많이 사용해봤지?
- 그러~엄.
- 논농사 지을 때는 21복비 하나면 됐지.
- 밭농사도 그럴까?
- 다 같은 농사인데 비료가 다를 필요가 있을까? 나는 양분도 많고 효과도 빠른 21복비를 선호하지. 자네는 어떤가?
- 21복비가 좋은 점이 많지. 그러나 밭에 사용하는 비료는 달라져야지. 수도용과 원예용 비료의 차이를 공부해보세.

쌀은 생산량이 중요하고, 밭작물은 맛, 향, 색, 품질을 중요하게 생각하기 때문에

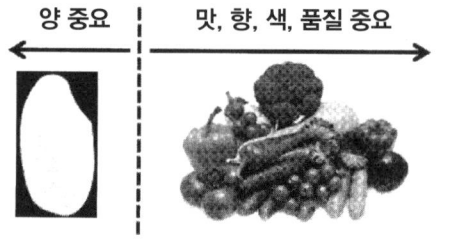

수도용으로는 주로 질소, 인산, 칼리 중심의 비료를 사용하지만

원예용 비료는 3요소 외에 마그네슘, 붕소, 황에 초점을 두어 사용해야 합니다.

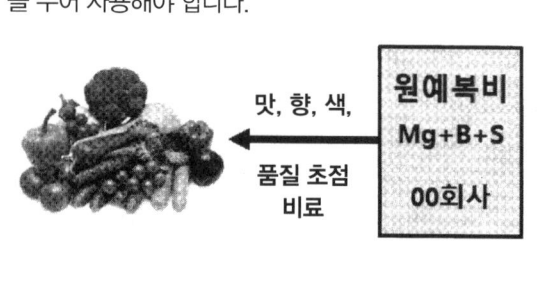

- 그래요? 그러면 수도용과 원예용 비료는 기본 자체가 다르네요?

질소, 인산, 칼리는 생산량과 관련이 있어서 모든 작물에 중요하지만

칼슘은 세포 사이의 중엽층을 단단하게 하므로 원예용 비료에 중요하며

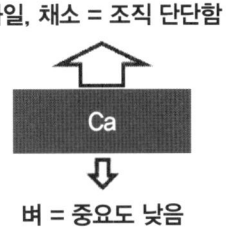

원예용에는 광합성, 당도와 관련이 있는 마그네슘이 매우 중요하지만 벼에는 중요성이 낮으며

맛, 향, 색이 중요한 원예용에는 황이 매우 중요하지만 벼에는 오히려 해가 되며

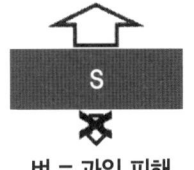

붕소는 과일의 크기, 모양, 신초와 관련이 있으므로 원예용에 더 중요합니다.

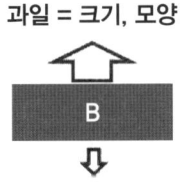

따라서 원예용 비료에는 Ca, Mg, S, B가 매우 중요하지만 수도용 비료에는 이런 양분이 없거나 함량이 낮아 두 비료는 서로 다르게 제조합니다.

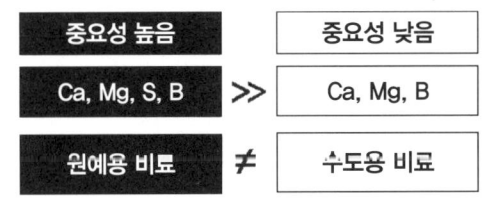

아하, 수도용 비료를 원예용으로 사용하는 것은 잘못이네요?

그렇습니다. 원예용 비료는 반드시 Ca, Mg, S, B 양분을 넣어 제조하며, 수도용 비료는 이런 양분이 상대적으로 적거나 없이 제조합니다. 그래서 수도용 비료를 원예용에 사용하게 되면 크기, 모양, 당도, 맛, 향, 색깔에 뭔가 모를 문제점이 발생합니다.

원예용 비료에 황이 꼭 필요한 이유

자연에 존재하는 수백만 종의 단백질은 20여 종의 아미노산으로 만들어지는데

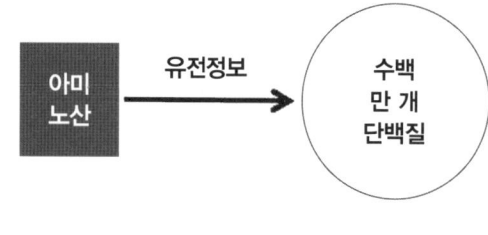

이 중에 황이 함유(화살표시)된 아미노산으로는 시스테인과 메티오닌이 있으며

아미노산의 약 10%가 황이 들어간 아미노산이라고 보면 됩니다.

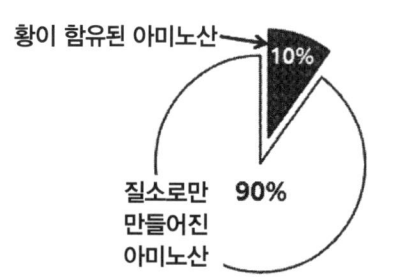

세계 3대 수프로 새우와 향신료로 만든 태국의 똠양꿍,

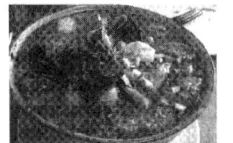

쌀가루로 만든 얇은 피에 고기와 향신료를 넣어 만든 베트남의 고이 꾸온,

향신료를 넣은 인도네시아식 볶음밥인 나시고랭,

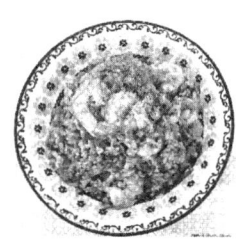

향신료로 닭에 양념을 한 후 화덕에서 굽는 인도의 탄두리치킨 등은 향신료를 이용한 음식인데

동남아에 향신 채소가 많은 이유는 황이 많은 화산재가 토양에 쌓여 채소가 황을 많이 흡수하기 때문입니다.

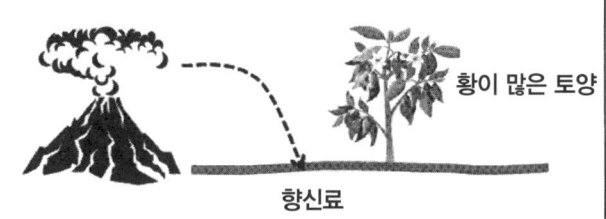

즉, 토양에 황이 충분하면 식물이 쉽게 흡수하여 황함유 아미노산을 만들고 황함유 아미노산으로부터 맛, 향, 색을 나타내는 성분이 많아지기 때문인데

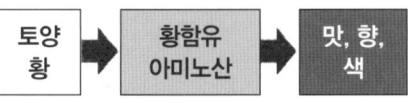

같은 깻잎도 황이 함유된 비료를 사용하느냐 아니냐에 따라 향, 맛, 색이 달라집니다.

황함유 비료 ➔ 향이 진함

황 없는 비료 ➔ 향이 약함

향, 맛, 색이 중요한 원예용 비료에는 황이 꼭 필요하겠네요?

예, 그렇습니다. 논농사가 중심일 때는 황을 사용하면 문제가 많이 발생했기 때문에 예전에는 비료포장지에도 황이 있는지 없는지에 대해 관심을 가지지 않았지만 원예작물에는 황이 매우 중요하다는 것을 명심해야 합니다.

과일 당도를 높이려면 어떤 비료가 좋을까?

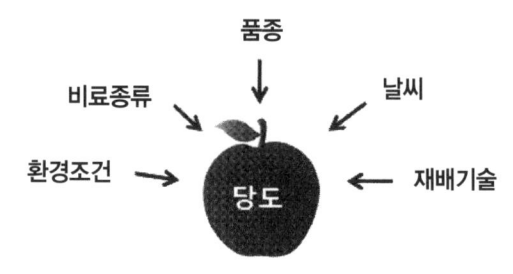

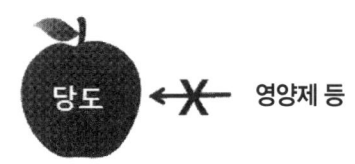

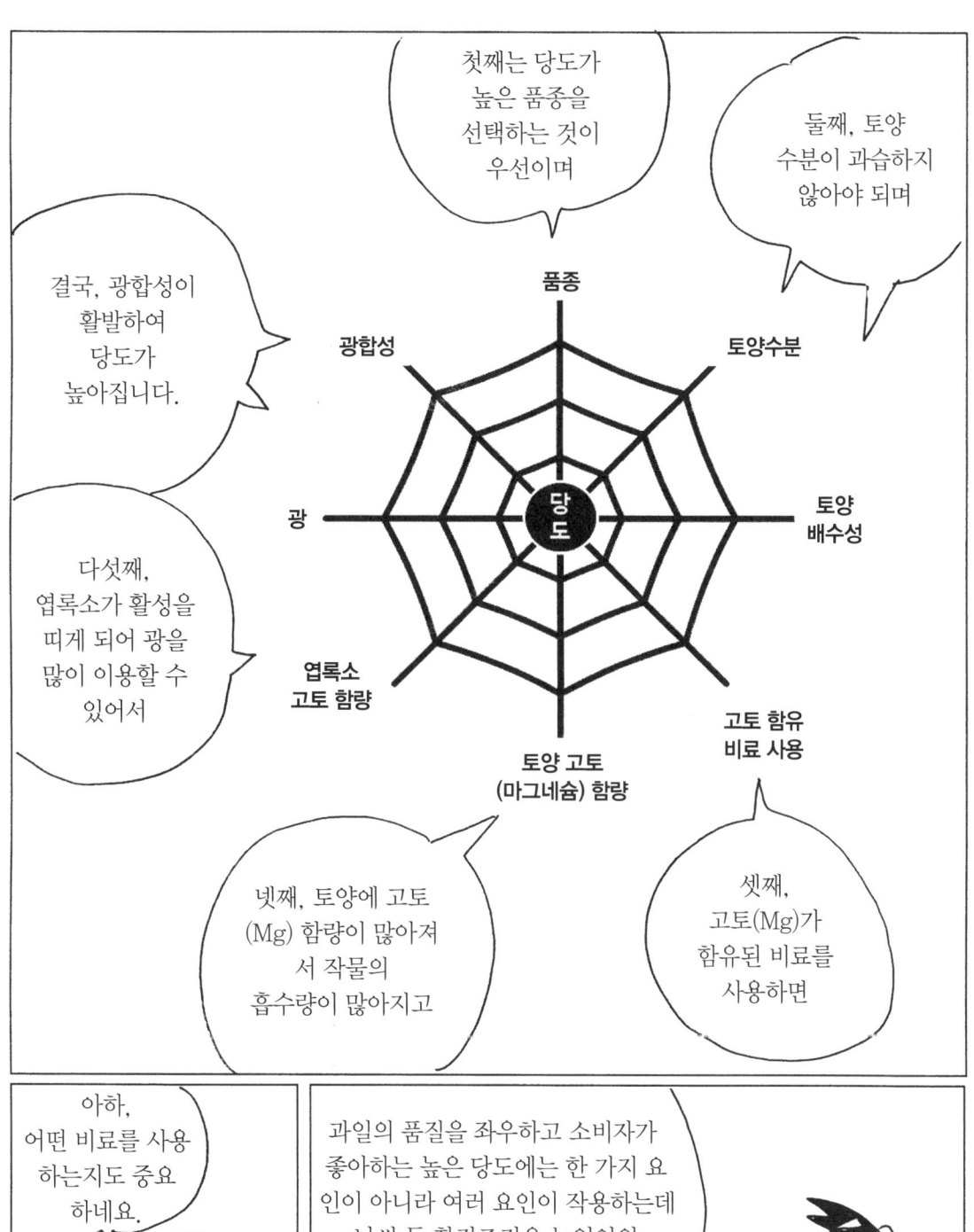

작년에 시비한 비료도 쉽게 흡수될까

양분은 토양으로부터 2개의 층으로 확산되는 형태로 흡착되어 있는데 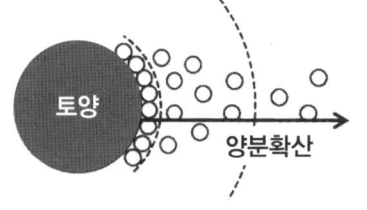	토양과 직접 흡착된 스턴(Stern)층의 양분은 흡수가 불가능하며, 확산층은 일부, 토양용액의 양분은 쉽게 흡수가 가능한데 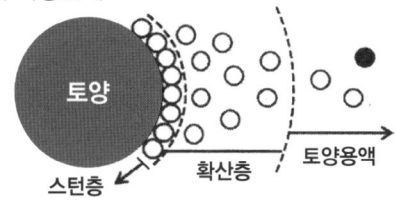
비료를 토양에 주면 토양용액에 녹아 쉽게 흡수할 수 있지만 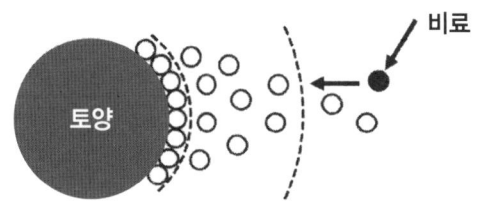	시간이 경과하면서 점점 확산층 내로 이동하여 흡수가 어려워지며 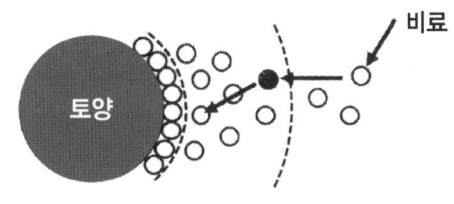
확산층 내에서도 토양에 가까울수록 흡수가 점점 더 어려워지고 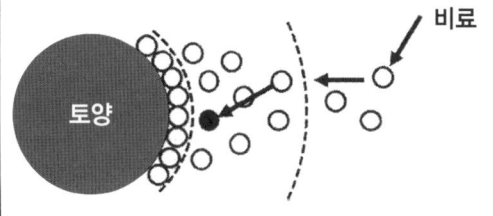	시간이 지나 토양에 고정된 형태로 스턴층으로 이동하면 흡수가 거의 불가능해지는 불용성으로 변합니다. 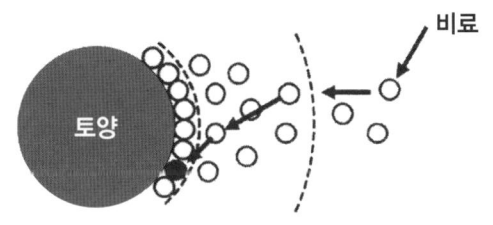

아, 토양에 들어간 양분이 이렇게 변하는군요.

예, 확산이중층의 두께는 수 nm 정도입니다. 이 좁은 두께 안에서 양분은 토양 쪽으로 이동하면서 처음에 준 비료는 쉽게 흡수하지만 시간이 갈수록 토양과의 흡착력이 강해지면서 불용성으로 바뀌게 됩니다. 그래서 한 번에 많은 비료를 주더라도 시간이 지나면 불용성이 되는 것을 주의해야 합니다.

미래에는 어떤 비료가 인기가 있을까?

새해 복 많이 받게.

자네도 올해 돈 많이 벌게.

고맙네, 앞으로 어떤 비료가 중요할까?

왜애, 뜬금없이.

지금까지는 N, P, K 위주였는데

앞으로도 그럴까?

글쎄~

앞으로는 생산량보다는 기능성이겠지.

유기질이든 무기질이든 기능성이 좋은 비료가 인기 있을 것 같아.

N, P, K 위주의 비료가 깻잎도 크게 하고

배나 사과도 크게 할 수 있어서 농업인이 좋아하지만

소비자는 기능성 물질이 많이 들어 있는 농산물에 관심을 가질 것입니다.

기능성 물질

기능성 물질을 높이는 비료가 있어요?

나도 이왕이면 몸에 좋은 농산물을 먹고 싶은데…

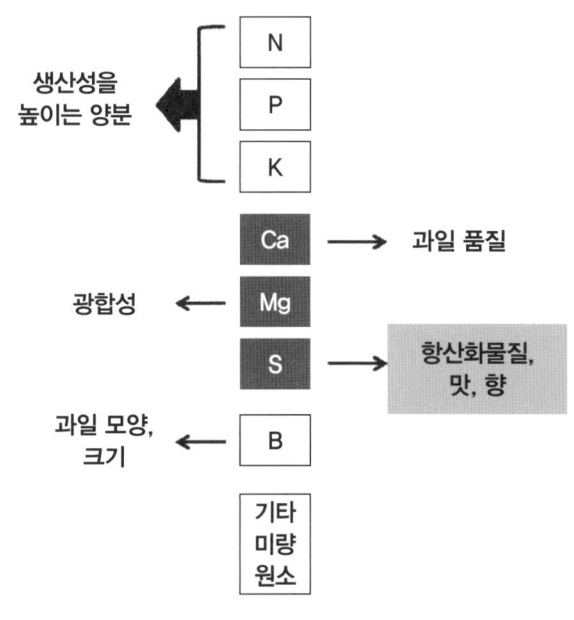

작물을 키우고 과일이 열리는 데는 양분마다 역할이 모두 다른데

Ca은 과일을 단단하게 하여 촉감을 좋게 하고

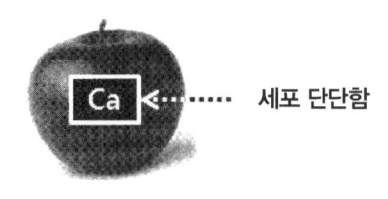

Mg은 광합성을 활발하게 하여 당도를 높이고

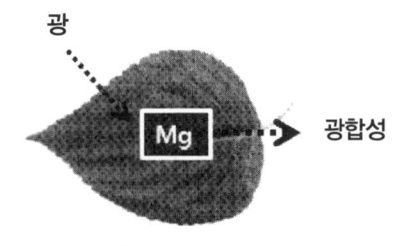

S은 글루타티온과 같은 항산화물질, 맛, 향을 높이는데

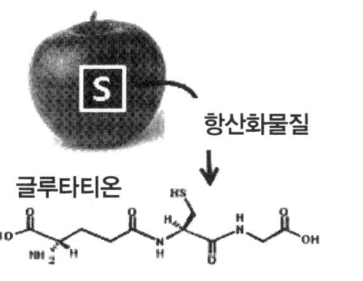

칼슘유황비료, 황산고토비료, 황산칼리가 함유된 복합비료 등에 이런 기능이 있습니다.

- 칼슘유황비료: Ca, S
- 황산고토비료: S, Mg
- 황산칼리 혼합 복합비료

앞으로는 농산물도 양보다 질이겠군요.

그렇습니다. 소비자도 예전에는 식탁에 얼마나 많은 반찬을 올려놓느냐에 초점을 맞추었지만 앞으로는 얼마나 몸에 좋은 반찬을 준비하느냐에 관심을 둘 테니까요. 그래서 칼슘, 유황이 함유된 비료에 관심을 기울여야 합니다.

관비재배의 장점

식물양분은 크게 3가지 원리로 흡수되는데 그중 집단유동으로 흡수되는 비중이 큰데

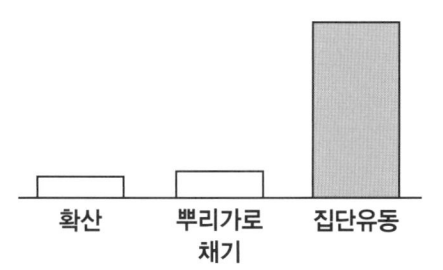

집단유동은 잎에서 증산작용의 힘으로 토양의 물을 빨아들이는 원리로

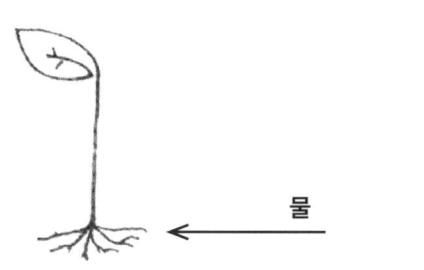

양분도 같이 흡수되어 물이 잎 쪽으로 이동하면서 양분도 이동합니다.

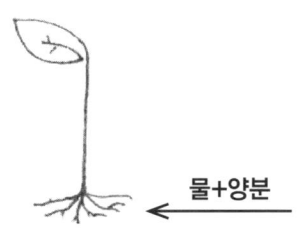

관비를 하면 토양 공간에 양분이 있는 물이 가득 채워지고

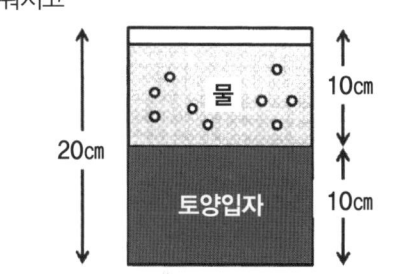

10~15일 동안에 물과 양분이 집단유동으로 식물에 흡수되므로

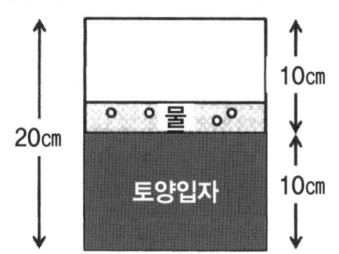

꾸준하게 양분을 공급할 수 있습니다.

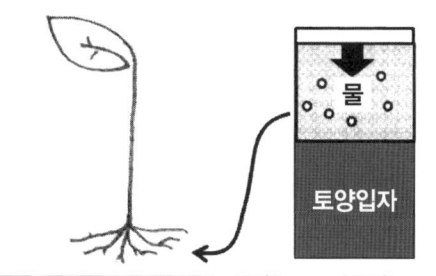

아, 그러면 식물이 필요할 때 물과 양분을 동시에 흡수하는군요.

예, 맞습니다. 알갱이 비료는 비료를 주는 기간이 길지만 관비는 주기적으로 주기 때문에 작물이 양분을 쉽게 흡수할 수 있으며 비료사용량도 줄일 수 있습니다. 다만 작물마다 농도와 양이 다르므로 주의해야 합니다.

빅뱅, 원소주기율표, 식물양분 이야기(아미노산의 탄생)

예, 그렇습니다.
한편, 러시아의
멘델레예프는

주기율표를 만들었는데, 여기에 식물양분의 비밀이 있습니다.

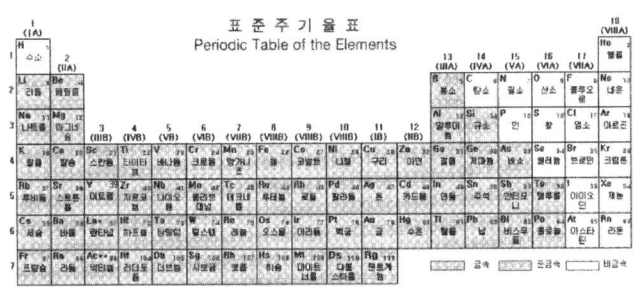

빅뱅이론에 따르면 수수(H)로부터 시작하여 네 개가 모여 헬륨(He)이 되고 다시 탄소(C)가 되면서 주기율표의 모든 원소가 만들어졌으며,

$^1H_{1.008}$ × 4 → $^2He_{4.00}$ × 3 → $^6C_{12.01}$ $^7N_{14.01}$

× 4 → $^8O_{16.00}$

기체인 C, H, O, N는 각각 3개, 1개, 2개, 4개의 다른 원소와 결합할 수 있는 팔을 갖고 있는데

$^1H_{1.008}$ — $^8O_{16.00}$ — $^6C_{12.01}$

$^7N_{14.01}$

C-H-O-N가 결합하여 아미노산을 만들고, 아미노산이 모여 단백질을 만들고 단백질과 여러 양분이 결합하여 식물체를 구성합니다. 즉, 기체인 C, H, O, N가 모여 생명의 시작인 아미노산을 만드는 것입니다.

```
 H  O
  \ //
   N—C
  /  \
```
→ $H_2N-\overset{R}{\underset{H}{C}}-COOH$ → 단백질 ⎡ + P, K, Ca, Mg, S (다량원소)
⎣ + Fe, Cu, Zn, Mn, Mo, B, Cl (미량원소)
→ 🌱

(아미노산 기본구조)

아, 어렵네요.

예, 쉽지 않습니다. 그러나 고등학교 때 공부한 원소 주기율표를 조금만 응용하면 왜 질소가 중요한지, 인산의 역할은 무엇인지, 미량원소는 어떤 역할을 하는지를 알 수 있습니다. 앞으로 계속 식물양분을 이해할 수 있는 만화를 연재하지요.

빅뱅, 원소주기율표, 식물양분 이야기(16개 필수원소)

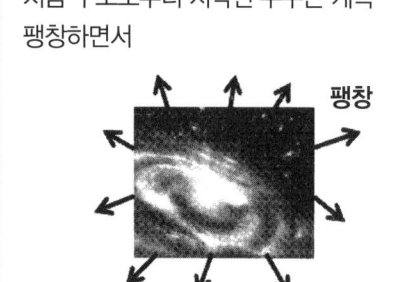
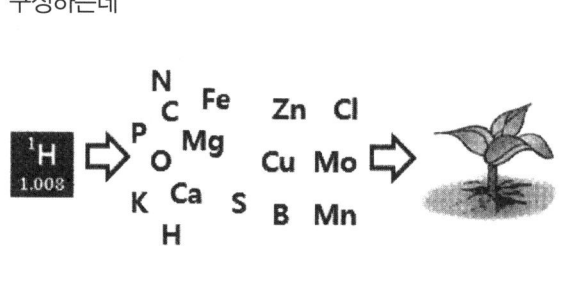
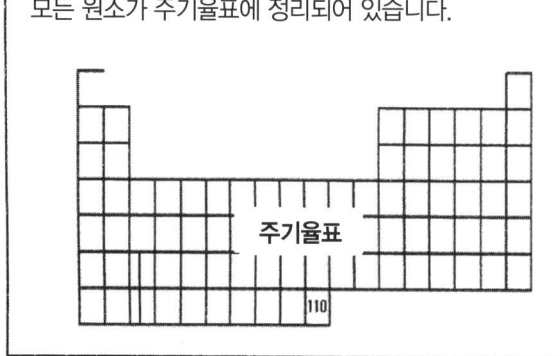

주기율표의 가로는 족, 세로는 주기라고 하는데	같은 족은 비슷한 성질을 갖고 있고

밑으로 내려갈수록 무겁고 식물의 뿌리가 자라는 토양 깊이에는 거의 없으며	식물양분은 모두 4주기 내의 가볍고 지구 표면에 있는 원소입니다.

여러 연구결과를 토대로 식물에 퍼센트 단위로 있는 다량원소(C, H, O, N, P, K, Ca, Mg, S)와 ppm 단위로 있는 미량원소(Fe, Mn, Cu, Zn, Cl, B, Mo)를 정하고 그 외에는 흡수가 안 되거나 독성이 있거나 식물생육에 중요하지 않은 원소입니다.

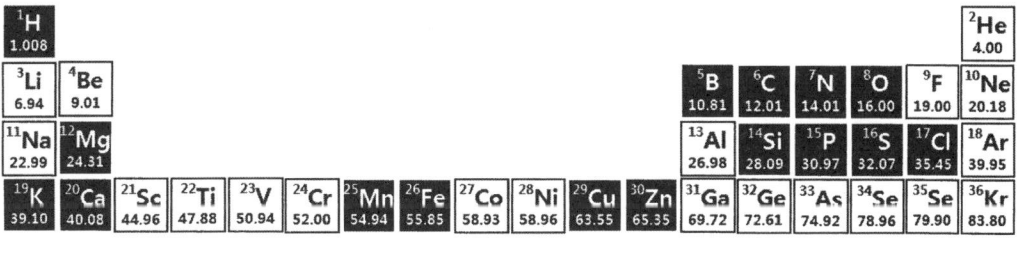

아, 그래서 16개 필수원소가 생겼네요?

예, 그렇습니다. 16개 원소 외에 셀레늄, 게르마늄 등이 마치 식물에 아주 중요한 양분인 것처럼 생각하는 농업인도 많지만 실제로 학술적으로 인정된 양분이 아닙니다. 앞으로 각 원소(양분)에 대해 차근차근 설명해드리지요.

제3부 미량요소, 영양제, 미네랄비료

미량요소복합비료 구입할 때 주의할 점

- 농약사에 갔더니 영양제를 권하더라고.
- 어떤 영양제?
- 잘 기억나지 않는데 미량요소 복합비료 같아.
- 미량요소 복합비료?

- 영양제는 꼼꼼하게 따져보고 사야 되는데?
- 성분함량은 봤는가?
- 제품마다 가격 차이가 클 텐데.
- 그러게 말이야.
- 무조건 좋다고만 하더라고.
- 속는 것 같은 기분도 들고.

영양제라고 부르는 4종복비와 미량요소복합비료는 수용성이며

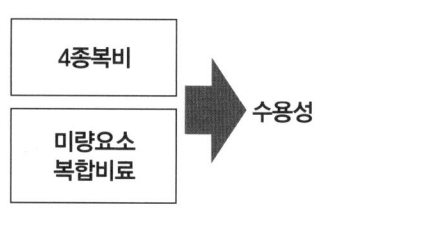

엽면시비할 수 있어서 사용이 편리하고 효과도 빨리 나타나지만

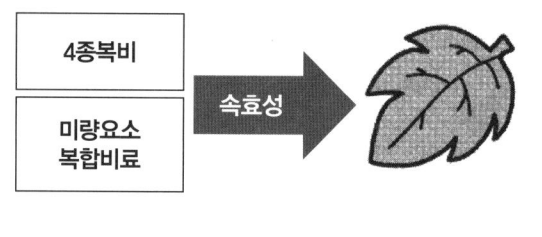

가격과 효과는 함유된 성분함량과 종류를 보고 꼼꼼하게 따져야 합니다.

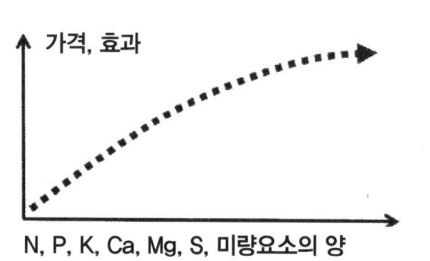

- 바가지 쓰는 것처럼 억울한 것이 없죠.
- 어떻게 하면 알 수 있죠?

양분은 크게 식물의 생육, 생산성, 품질에 영향을 미치는 다량영양분과

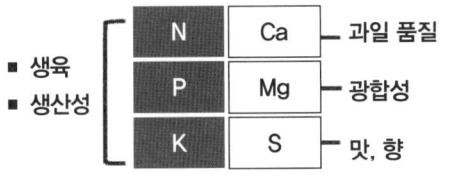

대사반응, 효소 구성요소인 미량영양분으로 나눌 수 있는데

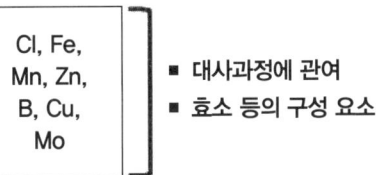

- 대사과정에 관여
- 효소 등의 구성 요소

식물에 다량요소는 % 단위로, 미량요소는 ppm 단위로 함유되어 있으며,

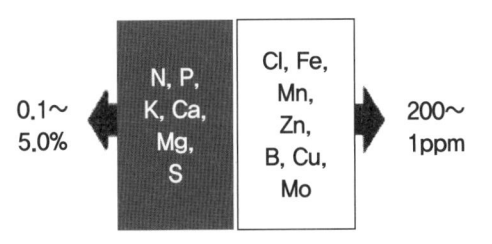

영양제 가격은 N, P, K 함량의 합과 직접적으로 관련이 있습니다.

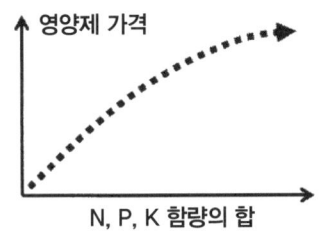

옆에서 보는 표와 같이 세 가지 영양제를 권한다면 N, P, K 이 없는 미량요소복합비료는 4종복비에 비해 가격이 매우 낮아야 정상입니다.

이름	비료종류	성분함량		상대 가격
		N-P-K	미량요소	
가 비료	4종복비	20 - 20 - 20	2~5종	100
나 비료	4종복비	10 - 10 - 10	2~5종	50 내외
다 비료	미량요소 복합비료	0 - 0 - 0	2종 이상	5 내외

아, 농약사에서 권한다고 아무 영양제나 사면 안 되겠네요?

예, 그렇습니다. 영양제를 구입할 때는 반드시 N, P, K 함량이 얼마인지를 먼저 확인하고 그다음에 Ca, Mg, S 함량을 보고, 제일 나중에 미량요소가 얼마 들어 있는지를 보고 구입해야 합니다. 농약사에서 권한다고 무턱대고 구매하면 안 됩니다.

미량요소는 어떤 것이 중요할까

미량요소비료 종류가 많잖아?

많지.

어떤 미량요소가 중요한지 아는가?

웬 뜬금없이?

궁금해서.
어떤 농가는 중요하다고 하고 아니라고도 하고.
진짜가 뭔지 알고 싶어서.

아마, 식물에 많이 필요한 미량요소는 많아야 하고
기능적으로 중요한 것도 필요하고.
그렇겠지 뭐.

N, P, K이 100이 필요하다면 Ca, Mg, S은 10, 미량요소는 1 정도의 비율로 작물에 필요하기 때문에

무기질비료를 제조할 때는 보통 3요소는 10% 내외, 다량요소는 1% 내외, 미량요소는 0.1% 내외로 제품화하고

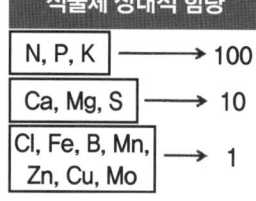

식물체 상대적 함량

N, P, K	→ 100
Ca, Mg, S	→ 10
Cl, Fe, B, Mn, Zn, Cu, Mo	→ 1

무기질비료 양분함량(예)

N - P - K + Mg + B
12 - 9 - 10 + 2 + 0.2

미량요소 중에도 식물이 요구하는 양에 따라 중요도의 차이가 납니다.

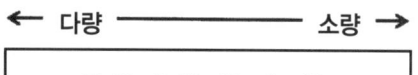

← 다량   소량 →

Cl, Fe, B, Mn, Zn, Cu, Mo

오오!

미량요소라고 모두 같은 양을 필요로 하는 것이 아니네요?

Mo을 1로 했을 때, 미량요소의 상대적인 함량은 아래 그림과 같은데	Cl는 자연계, 빗물, 무기질비료, 퇴비에 많아 별도로 첨가할 필요가 없고, Mo은 필요량이 매우 적으며

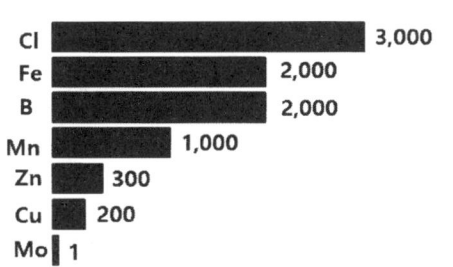
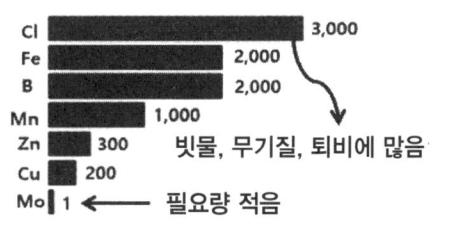

Fe, Mn은 우리나라 토양에 원래 많으며,	Zn, Cu는 가축사료에 살균목적으로 혼합하기 때문에 퇴비를 사용하면 충분한 양이 공급됩니다.

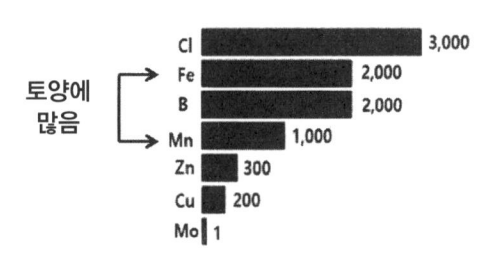
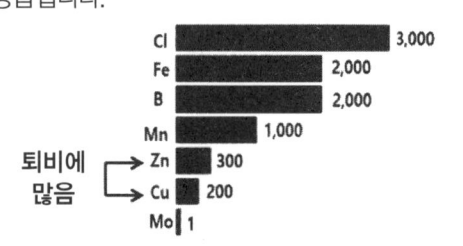

따라서 토양재배에서는 자연적으로 미량요소가 공급되므로 크게 걱정할 필요가 없으며,	양액재배는 자연공급량이 없으므로 식물 필요량에 따라 Fe, Mn, B는 많게, Zn, Cu는 보통, Mo은 매우 낮은 농도가 함유되도록 제조합니다.

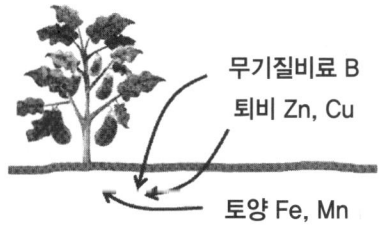
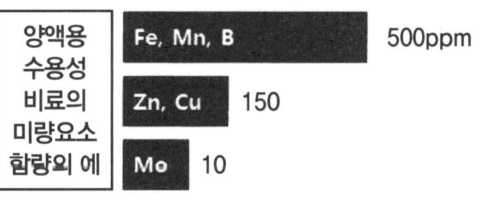

미량요소마다 필요한 이유와 양이 다르네요?

예, 양액재배는 반드시 미량요소를 사용해야 합니다. 그러나 토양 재배에서는 우리가 사용하는 비료와 자연에서 공급하는 미량요소가 많으며, 결핍 현상은 과다한 석회질비료 사용, 수분 흡수가 어려운 조건에서 주로 나타나므로 미량요소에 대해 너무 걱정할 필요가 없습니다.

붕사, 붕산, 붕소의 차이는

붕소(B)는 원소기호, 붕사는 천연에서 채취할 수 있는 광물, 붕산은 붕사를 정제한 것인데,

붕소 = B = 원소기호
붕사 = $Na_2B_4O_7 \cdot 10H_2O$ = 천연광물
붕산 = H_3BO_3 = 붕사를 정제한 것

붕사는 온천 침전물, 염호수 등에서 발견되는 무색 결정구조의 광물이며

붕산은 붕사에 황산 등을 반응시켜서 불순물을 제거하여 만든 것입니다.

 →황산 등→ H_3BO_3(붕산)

비료포장지의 양분 표기는 질소를 제외하고 산화물로 표기하는 것이 원칙이지만

원소명	인	칼륨	칼슘	마그네슘	규소	붕소	망간
성분명	인산	칼리	석회	고토	규산	붕소	망간
표기	P_2O_5	K_2O	CaO	MgO	SiO_2	B_2O_3	MnO

산화물로 표기하면 복잡하기 때문에 편의상 P, K, Ca, Mg, B, Si, Mn 등으로 줄여서 표기하는 것이며

원소명	질소	인	칼륨	칼슘	마그네슘	규소	붕소	망간
원래 표기	N	P_2O_5	K_2O	CaO	MgO	SiO_2	B_2O_3	MnO
편의상 표기	N	P	K	Ca	Mg	Si	B	Mn

붕소도 원래 표기는 B_2O_3인데 편하게 B로 표기하는 것입니다.

B_2O_3 →편의상 표기→ B

그러면 붕소비료를 위해 붕사를 주었다가 맞는 말이네요?

예, 맞습니다.
자연에서 발견되는 붕사는 유기농업에 사용할 수 있지만, 붕산은 화학반응을 거쳐 제조한 것이어서 사용할 수 없습니다. 농업용 붕소비료는 붕사나 붕산이나 효과의 차이가 거의 없습니다.

영양제 보는 법

농업인들이 물에 녹여 잎 또는 토양에 관주용으로 사용하는 비료를 영양제라고 하고 설명을 하면,

수용성 비료
- 잎으로 양분 공급
- 토양으로 양분 공급

4종복합비료인 엽면시비, 양액·관주, 화초용 복합비료와 미량요소복합비료가 있으며

4종복합비료
- 엽면시비용
- 양액·관주용
- 화초용

미량요소비료
- 붕산, 붕사, 황산아연, 미량요소복합

농업인이 많이 사용하는 엽면시비, 양액·관주, 미량요소복합비료는 양분 함량과 원료 가격의 차이가 큽니다.

- 양액·관주용
- 엽면시비용
- 미량요소복합

↑ 가격 양분

비료공정규격에 따르면, 양액·관주용은 N, P, K, 다량원소, 미량원소가 다양하게 함유되어 있고	엽면시비용은 N, P, K, 다량원소, 미량원소가 2종 이상이면 판매할 수 있으며
양액·관주용 ■ N, P, K 중 2종 이상 10% 이상 ■ Ca, Mg, Mn, B, Fe, Mo, Zn, Cu 중 5종 이상	**엽면시비용** ■ N, P, K 중 2종 이상 10% 이상 ■ Ca, Mg, Mn, B, Fe, Mo, Zn, Cu 중 2종 이상
미량요소비료는 N, P, K, Ca, Mg을 함유할 의무가 없고 미량원소만 2종 이상이면 판매가 가능합니다.	그래서 양분을 기준으로 비교하면 미량요소복합비료의 가격은 매우 저렴해야 합니다.
미량요소복합 ■ N, P, K 함유 의무 없음 ■ Ca, Mg 함유 의무 없음 ■ B, Cu, Fe, Mn, Mo, Zn 중 2종 이상	■ 양액·관주용 ■ 엽면시비용 ■ 미량요소복합 가격 저렴

옆 그림에서 보는 것처럼, 많이 판매되는 수용성 붕소와 몰리브덴 함유 영양제는 매우 저렴한 가격으로 제조할 수 있으며, 양분을 공급하여 수세를 회복할 수 없습니다.

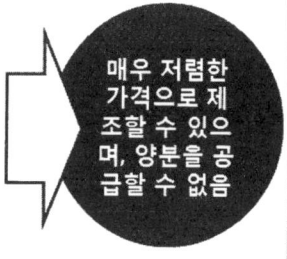

■ N, P, K이 없으므로 양분을 공급할 수 없어 영양제라고 얘기할 수 없음
■ 1리터 한 병에 붕소 0.5g 함유
■ 1리터 한 병에 몰리브덴 0.005g 함유

매우 저렴한 가격으로 제조할 수 있으며, 양분을 공급할 수 없음

어? 미량요소복합 비료는 영양제라고 할 수 없네요?

예, N, P, K이 없는 미량요소복합비료는 양분을 공급하는 비료가 아닙니다. 앞에서 예로 든 미량요소복합비료는 한 병에 붕소 1/2 티스푼 정도, 몰리브덴은 눈에 보이지 않을 정도의 적은 양입니다. 그래서 영양을 공급하는 비료가 아니라 붕소와 몰리브덴 미량요소만 공급하는 비료입니다.

가루형과 병에 든 수용성 비료의 가격 차이는

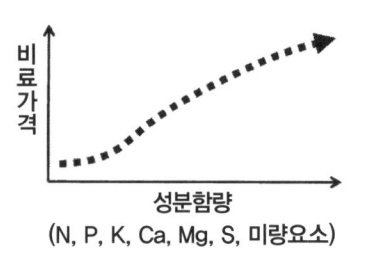

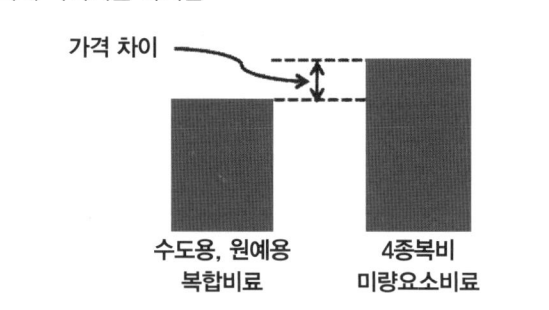

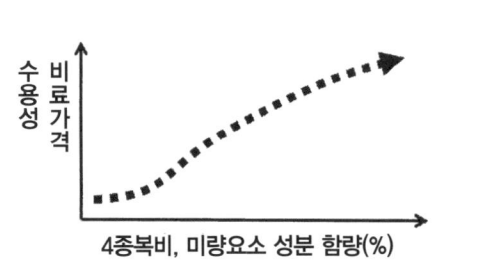

설탕을 예로 들어 설명하면, 하얀 설탕 10kg에 10,000원이면 1g당 1원인데

- 10kg
- 10,000원

- 1원/g

설탕함량 10%인 설탕물 1리터 한 병에는 100g의 설탕이 들어 있으므로 설탕 가격은 100원에 불과해

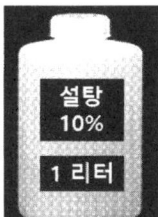

- 1리터, 10%

⇩

- 100g 함유
- 원가: 100원

10,000원으로 10kg짜리 한 봉지를 사면 100병을 만들 수 있기 때문에 가격이 매우 싸야 합니다.

 100병 제조 →
1/100 가격

이 원리는 비료도 같은데, 가루형 붕산비료 가격은 500g 한 봉지(붕소함량 50%)에 약 5,000원인데,

- 500g
- 5,000원

- 10원/g

붕산비료 500g 한 봉지로 붕소함량 0.05%인 1리터짜리 미량요소비료 500병을 만들 수 있어서 1리터 한 병당 붕소 원료 가격은 10원에 불과합니다.

 약 500병 제조 →
1/500 가격

가루형 붕산비료
붕소함량 50%
500g, 5,000원

1리터 병 붕소비료
붕소함량 0.05%
병당 붕소 원가 10원

아하, 병에 든 비료는 함량이 낮기 때문에 가격이 아주 싸야겠네요?

예, 그렇습니다. 비료를 구입할 때는 반드시 성분 함량을 봐야 합니다. 성분 함량이 낮은 병에 든 미량요소 복합비료는 물, 병 값을 포함해도 제조 원가가 몇백 원에 불과합니다. 이런 비료를 만 원 이상의 고가로 구입한다면 어리석은 농업인입니다.

붕소함량이 50%인 붕산비료는 1,000g에 10,000원 정도인데

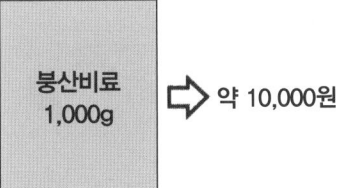

이 붕산비료를 0.5g씩 나누어 2,000봉지를 만들고

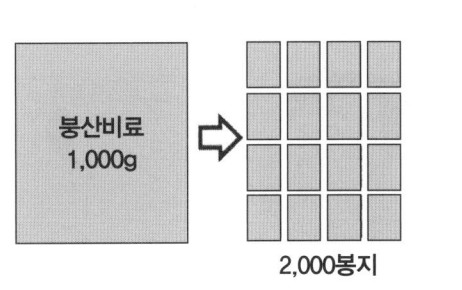

한 봉지씩 500㎖ 병에 넣고 물을 채우면 영양제 2,000병을 만들 수 있고

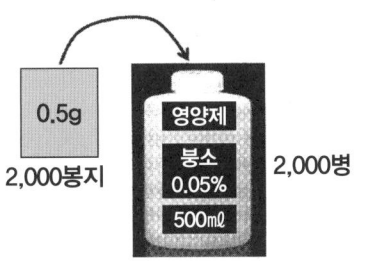

영양제라고 이름 붙이고 한 병당 10,000원에 팔면 2천만 원을 벌 수 있습니다.

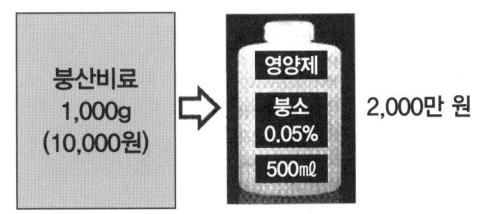

이 영양제를 1,000배 희석해서 사용하면 붕소 0.00005%가 되는데 이 농도는 농촌진흥청의 붕소시비 농도 0.2%의 1/4,000이어서 효과가 날 수도 없는 맹물입니다.

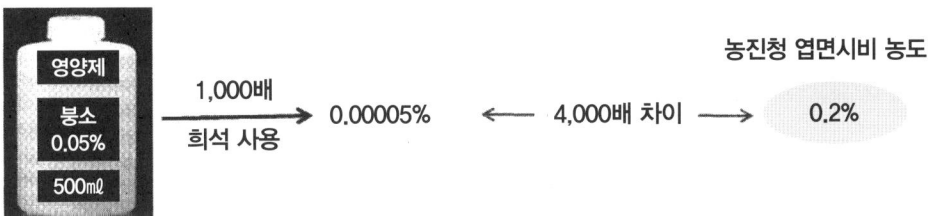

김 사장이 엄청 바가지 썼네요?

병에 든 영양제는 원료를 쥐꼬리만큼 넣고 물로 채운 맹물과 같을 수 있습니다. 맹물 같은 영양제를 비싼 값에 구입하여 사용하면 바보 농업인이 됩니다. 항상 비료를 구입할 때는 어떤 성분이 얼마나 있는지 확인하세요.

:::: 미네랄 비료의 허상

옆집 김 사장이 부러워.

왜애?

비싼 미네랄을 몇 상자나 샀더구먼.

미네랄? 뭐에 쓰려고?

비료나 영양제처럼 사용하려나 봐. 비싸게 사서 기대가 크던데 기대만큼 효과가 나타날까?

글쎄. 요새 미네랄이라고 선전을 많이 하던데 비료와 어떤 차이가 있는지 모르겠어. 미네랄과 비료의 차이가 뭘까?

미네랄은 영어의 mineral을 발음 그대로 쓴 용어로 광물질이라는 의미이며

미네랄 = mineral = 광물질

인체나 식품에 함유된 원소 중에 탄소(C), 수소(H), 산소(O), 질소(N)를 제외한 것으로

미네랄에는 식물에 필수양분인 C, H, O, N가 포함되지 않음

사람에게는 단백질, 지방, 탄수화물, 비타민과 함께 5대 영양소입니다.

5대 영양소는 단백질, 지방, 탄수화물, 비타민, 미네랄

어? 미네랄이 사람이나 식품에 쓰는 말이네요?

74 | 만화로 이해하는 흙과 비료 이야기

사람은 채소, 고기, 생선 등 이외에 미네랄을 섭취하므로

"5대 영양소를 모두 먹어야 되니까 미네랄이 중요해."

채소, 고기, 생선의 단백질, 탄수화물에는 C, H, O, N가 많으므로 미네랄에 포함되지 않으며

"C, H, O, N는 미네랄이 아니야."

그래서 단백질을 섭취하는 사람에게는 질소를 빼서 미네랄(=무기물)이라고 부르고 식물은 질소와 식물생육에 필요한 무기물을 합쳐서 비료 또는 식물양분이라고 부릅니다.

"C, H, O, N는 단백질로 먹고, 미네랄도 먹고."

"식물은 C, H, O, N와 생육에 필요한 무기물을 식물양분으로 먹고."

식물양분 또는 비료성분(=무기물)은 미네랄과 같은 원소이며, 식물에는 필요 없고 사람에게만 필요한 요오드(I), 코발트(Co) 등을 포함시키고 질소를 뺀 것이 미네랄입니다.

구분	원소종류	특징
미네랄	Ca, P, K, S, Na, Cl, Mg, Fe, Cu, Mn, Zn, B, Si, Mo, <u>I, Co, Se, Cr, F, As, Sn, V, Ni</u>	■ 사람에 사용하는 용어 ■ 밑줄 친 성분은 식물양분이 아님 ■ N는 제외됨
식물양분, 비료	C, H, O, N, P, K, Ca, Mg, S, Cl, Fe, Mn, B, Zn, Cu, Mo, (Si)	■ 식물에 사용하는 용어 ■ N가 포함됨

"미네랄이 비료보다 좋다고 선전하는 말은 엉터리네요?"

"예, 맞습니다. 질소가 있으면 식물양분이 되고, 질소를 빼면 미네랄이 됩니다. 사람, 식품에는 미네랄이라고 하고, 식물에는 식물양분 또는 비료라고 부릅니다. 미네랄이 비료보다 좋고 만병통치약이라고 생각하면 안 됩니다."

제4부 유기질비료

혼합유박과 혼합유기질비료의 차이

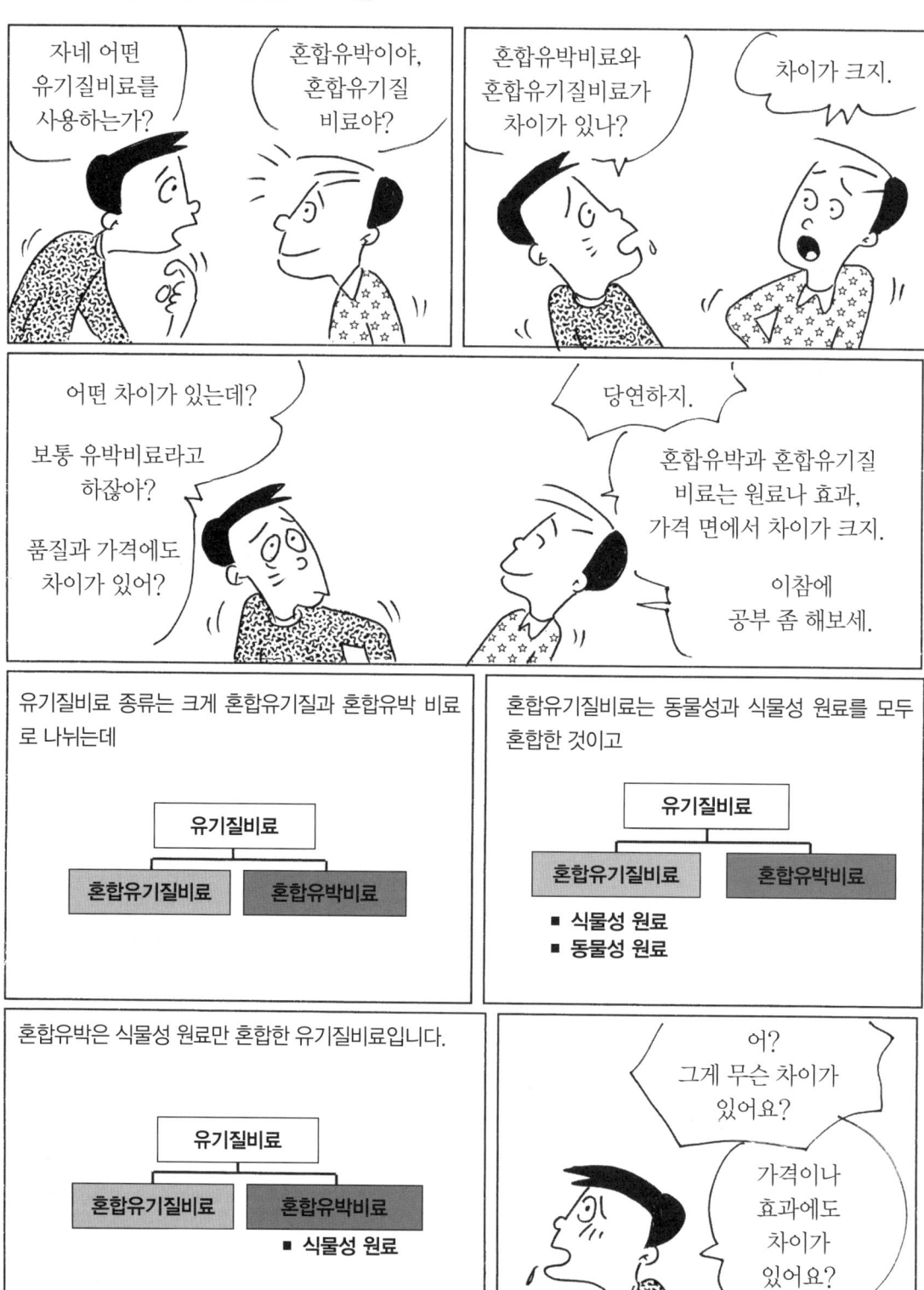

많이 사용하는 유기질 원료는 크게 동물성과 식물성으로 나뉘는데 동물성 ─ ■ 어분 　　　　■ 골분 식물성 ─ ■ 대두박 　　　　■ 미강박 　　　　■ 채종유박 　　　　■ 아주까리박 　　　　■ 야자, 옥수수박, 팜박	동물성인 어분과 골분은 N, P 등 양분 함량이 많으며  어분: N+P = 10% 이상  골분: P = 15% 이상
식물성 중에 양분이 풍부한 원료는 대두박으로 질소가 많아 발효가 잘되고 곰팡이도 잘 핍니다.  대두박: N 6%, P 2%, K 1%	국내에서 생산되는 미강박(쌀겨)에는 인산이 많은 편이며  미강박: N 2%, P 4%, K 1%
채종유박과 아주까리박은 양분함량은 같지만 아주까리박은 곰팡이가 잘 피지 않는 단점이 있습니다.  채종유박: N 4%, P 1%, K 1%  아주까리박: N 4%, P 1%, K 1%	그래서 혼합유박인지, 혼합유기질비료인지와 원료를 보면 양분함량, 가격 등을 예상할 수 있습니다. 혼합유박 식물성　　혼합유기질 　　　　　동물성 　　　　　＋ 　　　　　식물성

유기질비료도 정확하게 종류를 봐야 좋은 것을 고르겠네요.

그렇습니다. 농업인들은 유기질비료를 흔히 '유박비료'라고 부르는데 정확하게는 혼합유박 또는 혼합유기질비료가 있습니다. 따라서 좋은 유기질비료를 고르기 위해서는 혼합유박인지 혼합유기질비료인지를 보고 그 안에 어떤 원료가 들어 있는지를 살펴봐야 합니다.

퇴비와 유기질비료의 차이

식물양분인 N, P, K은 유기질비료가 퇴비보다 2배 이상 많으며, 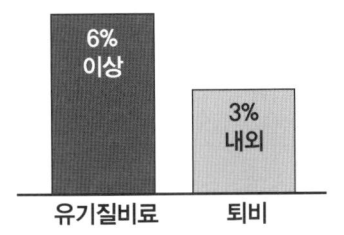	비료공정규격에 따르면 혼합유기질비료는 N+P 또는 N+K 함량이 7% 이상이어야 하지만 퇴비는 N, P, K 함량 표시의무가 없는데, 대략 3% 내외이고 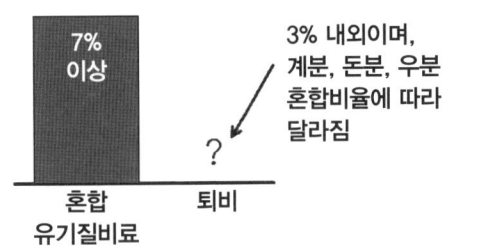
유분은 유기질비료는 0.5% 이하지만 가축분퇴비는 1.8% 이하, 퇴비는 2.0% 이하여야 하며 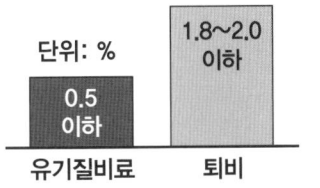	비소, 카드뮴, 수은, 납, 크롬, 구리, 니켈, 아연 등의 중금속 허용기준은 퇴비가 유기질비료에 비해 2배 이상 높습니다. 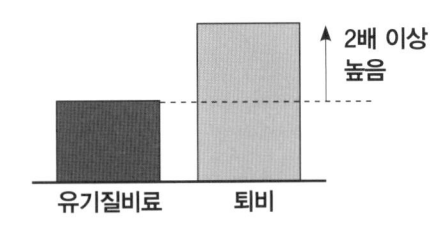
유기질비료는 질소함량이 4% 이상이어서 부숙시키지 않고 직접 토양에 시비해도 질소기아 문제가 없지만 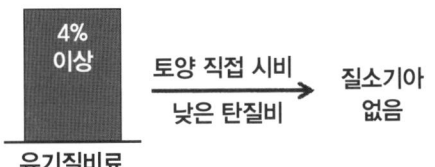	퇴비는 질소함량이 1% 내외에 불과하여 부숙과정을 통해 탄질비를 낮추어야 질소기아 현상이 발생하지 않습니다. 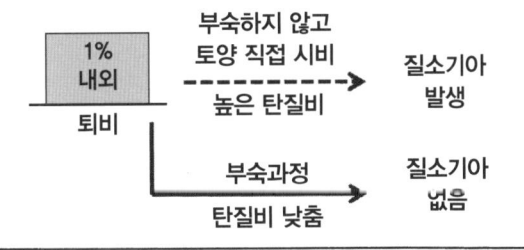

가격이 싸다고 유리한 것이 아니네요?

예, 맞습니다.
어떤 비료든 비료가 갖고 있는 성분과 가격을 비교하면서 구입하는 것이 현명합니다. 유기질비료가 퇴비보다 비싼 것은 앞에서 설명한 것과 같이 N, P, K, 유기물 함량이 높고 수분과 염분이 낮은 장점 때문입니다.

유기질비료와 퇴비의 효과 방식이 다른 점

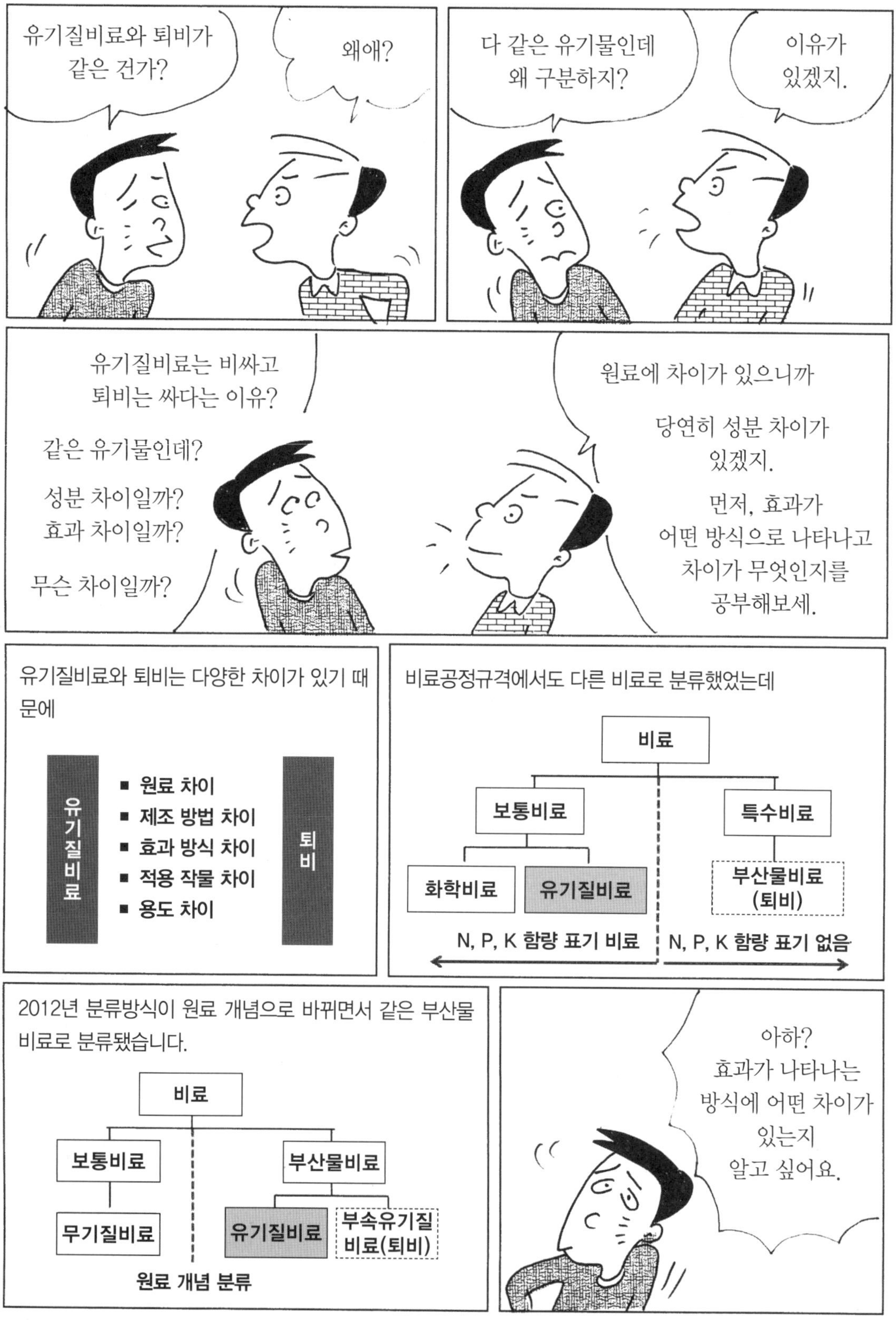

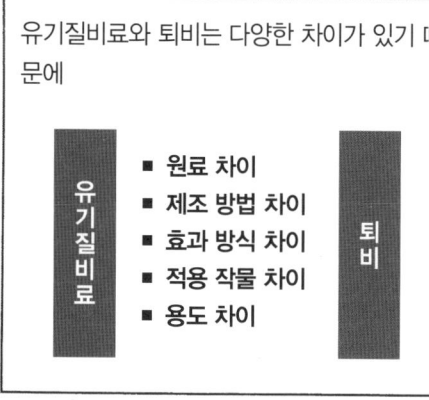
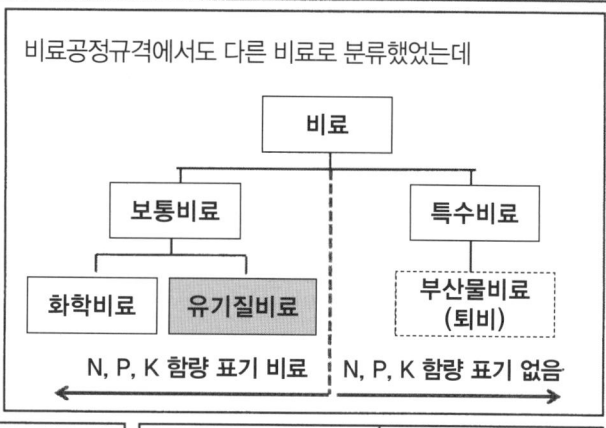
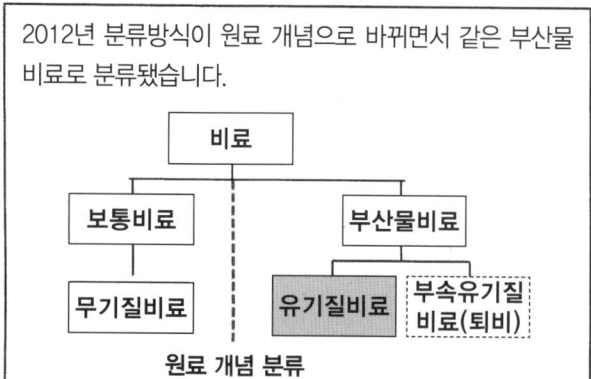

퇴비는 부숙시킨 후에 판매하기 때문에 시비하자마자 효과가 나타나며

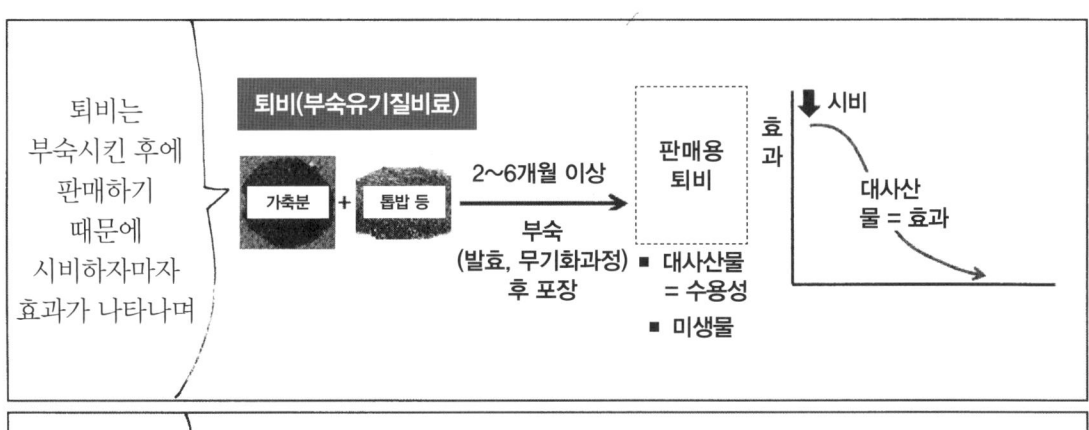

유기질비료는 발효시키지 않고 판매하기 때문에 시비한 후에 곰팡이가 피면서 효과가 나타납니다.

그래서 작기가 짧고 초기 생육이 중요한 채소 등의 재배에는 퇴비가 유리하며

과수처럼 재배기간이 긴 작물에는 유기질비료가 유리합니다.

섞어서 사용하면 어때요?

섞어서 사용하면 퇴비와 유기질비료의 장점을 모두 이용할 수 있지만 작물의 종류, 생육 특성, 재배기간 등을 감안하여 결정해야 합니다. 중요한 차이는 퇴비는 초기에, 유기질비료는 시비한 후에 곰팡이가 피기 시작해야 효과가 나타난다는 것입니다.

비싼 유기질비료와 싼 유기질비료 고르는 법

유기질비료 포장지 뒷면의 [비료생산업자보증표]에는 모든 정보가 들어 있는데

비료생산업자보증표
1. 등록번호: 충남 ○○○호
2. 비료 종류 및 명칭: 혼합유기질비료
3. 실중량: 20kg
4. 보증성분량: 질소○%, 인산○%, 칼리○%
5. 원료명 및 배합비율: 채종유박○%, 대두박○%, 골분○%
6. 생산년월일, 7. 표자: ○○○, 8. 제조장 소재지

우선, 관심을 두어야 하는 것이 보증성분량이며,

보증성분량 (%)

- 유기질비료의 최저 성분량: 4-1-1 이상
- 보증성분량은 회사가 자체적으로 보증하는 성분량이므로 N-P-K 합이 많을수록 양분이 많은 비료임

보증성분량이 많을수록 좋은 비료입니다. 따라서 A 제품이 B 제품보다 훨씬 좋은 유기질비료입니다.

A 제품	B 제품
질소전량: 5%	질소전량: 4%
인산전량: 2%	인산전량: 1%
칼리전량: 1%	칼리전량: 1%

가장 많이 사용하는 채종유박의 가격을 100으로 했을 때 어박, 골분, 미강유박은 비싼 편이며, 팜박, 야자박은 가격이 싼 원료입니다.

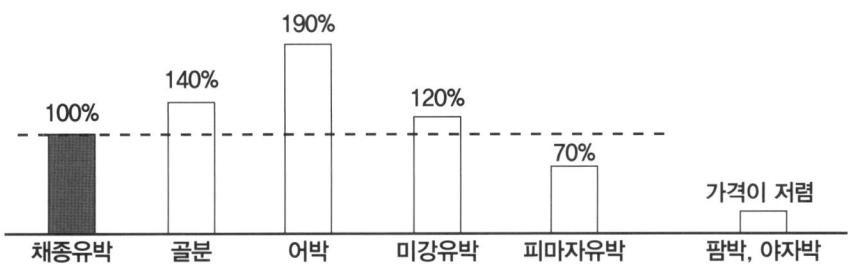

[비료생산업자보증표]의 원료 함량과 배합비율은 가격을 판단하는 좋은 자료인데, 아래 네 가지 비료의 원료와 배합비율을 근거로 상대적인 가격을 비교해보면

A 비료	B 비료	C 비료	D 비료
어박: 30% 채종유박: 50% 피마자유박: 20%	어박: 10% 채종유박: 70% 피마자유박: 20%	미강유박: 10% 채종유박: 40% 피마자유박: 50%	채종유박: 40% 피마자유박: 30% 미강유박: 30%

A 비료가 가장 비싸며, D 비료는 미강유박을 사용한 규격위반 비료인데

	상대적 원료가격	비고
A 비료	121	
B 비료	103	
C 비료	87	
D 비료	61	규격 위반

A와 B 비료는 혼합유기질비료, C 비료는 혼합유박비료, D 비료는 판매해서는 안 되는 비료입니다.

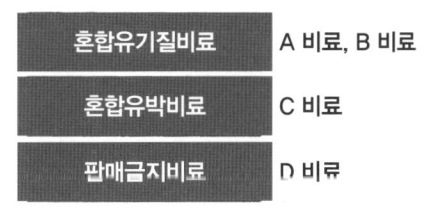

아, 원료와 배합비율을 보면 좋고 나쁜 비료가 결정되네요?

예, 그렇습니다. 비싼 원료를 사용한 유기질비료는 함유된 비료성분도 많고, 토양에서의 효과도 높습니다. 비료포대 뒷면의 [비료생산업자보증표]의 보증성분량, 원료, 상대적인 원료가격을 비교해 보면 좋고 나쁜 비료를 가려낼 수 있습니다.

제5부 퇴비

적정한 퇴비 사용량은?

산야초, 흙, 인분, 재 등을 이용해서 만들었던 옛날 산야초퇴비는

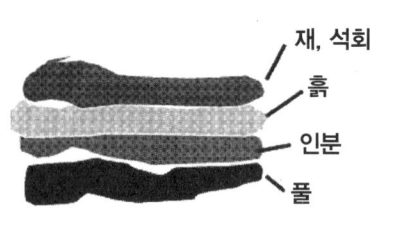

토양환경을 개선하는 역할에 중점을 두었고 질산, 염소에 의한 염류집적도 나타나지 않고 양분함량도 낮아서

양분함량, 질산, 염소함량 낮아 염류 집적과 양분 불균형 유발시키지 않음

300평당 1톤(50포대)을 주어도 큰 문제가 발생하지 않았습니다.

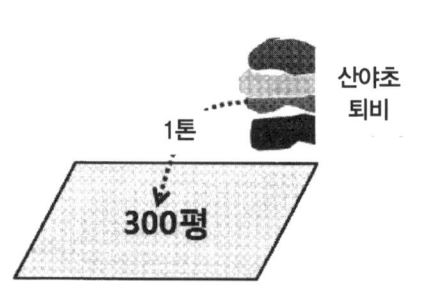

사료는 최고의 가축성장을 위해 만들어져서 양분함량이 많은데	계분이 양분함량이 가장 많고 돈분, 우분, 산야초퇴비 순서이며

300평당 사용량도 산야초퇴비가 1톤이라면 가축분퇴비는 훨씬 적게 사용해야 하고

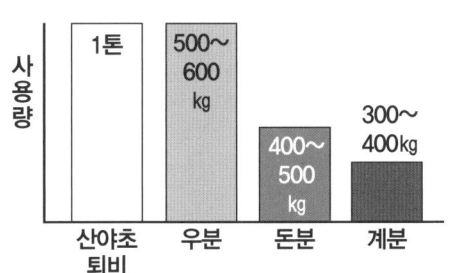

여러 가축분을 혼합하여 제조한 퇴비의 적정 사용량은 400kg(20포대)입니다.

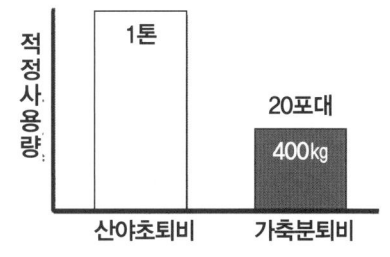

또한, 가축분에는 다량의 질산과 염소가 함유되어 있기 때문에

하우스 재배에서는 적정량 400kg보다 많이 사용하면 염류집적, 양분불균형 등 작물재배에 불리한 토양 환경이 만들어집니다.

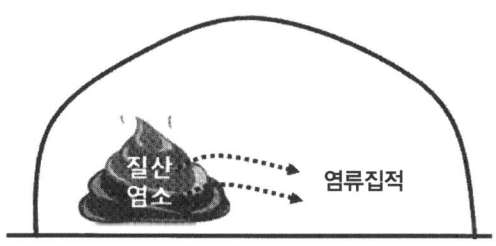

어? 퇴비를 너무 많이 주면 안 되겠네요?

맞습니다. 퇴비는 많이 줄수록 좋다는 말은 절대로 틀린 말입니다. 뿌리썩음병, 염류집적에 의해 잎이 마르고 뿌리가 약해지는 것 등이 퇴비를 너무 많이 주어서 생기는 문제인 경우가 많습니다. 가축분퇴비를 예전 자가 제조 퇴비와 같은 것으로 생각하고 많이 주면 큰일 납니다.

퇴비 제조과정에서 일어나는 현상

정부에서 퇴비가격을 지원해주니까 많이들 사용하고 있는데…

그러고들 있지.

제대로 만들고 있는지 걱정돼.

글쎄 말이야, 잘못 만든 퇴비는 오히려 독이라는데.

퇴비화 과정에서 어떤 현상들이 나타나는지 알 수 있으면 좋을 텐데.

그렇겠구먼!

퇴비 제조과정에서 온도, 미생물, 부숙은 어떻게 되는지 궁금하구먼.

퇴비는 120일 정도 지나면 부숙이 거의 완료되는데, 충분한 부숙에는 200일 가까이 소요됩니다.

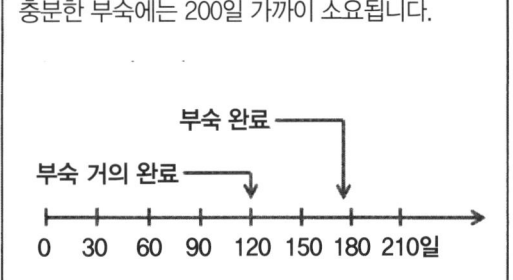

크게 중온기, 고온기, 냉각기, 숙성기를 거치는데 다음 그림처럼 매우 복잡한 현상이 일어납니다.

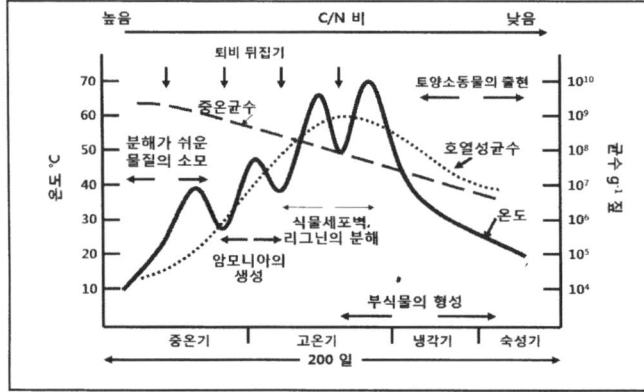

아~ 너무 복잡한데요. 쉽게 설명해주세요.

퇴비 재료를 혼합하면 중온성균이 활동하면서 분해가 쉬운 물질이 분해되고 그다음에 고온을 좋아하는 호열성균의 숫자가 고온기를 거치면서 늘어납니다.

고온기를 거치면서 암모니아 가스 발생이 마무리되며, 이 기간에는 퇴비 뒤집기를 통해 공기가 잘 통해야 고온기에 호열성균이 많아지고 병원균 등이 사멸합니다. 그 이후에는 후숙을 시키면서 숙성기를 마무리합니다.

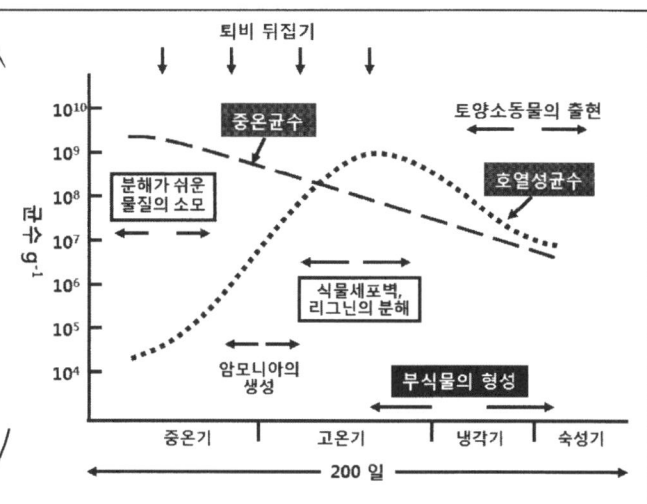

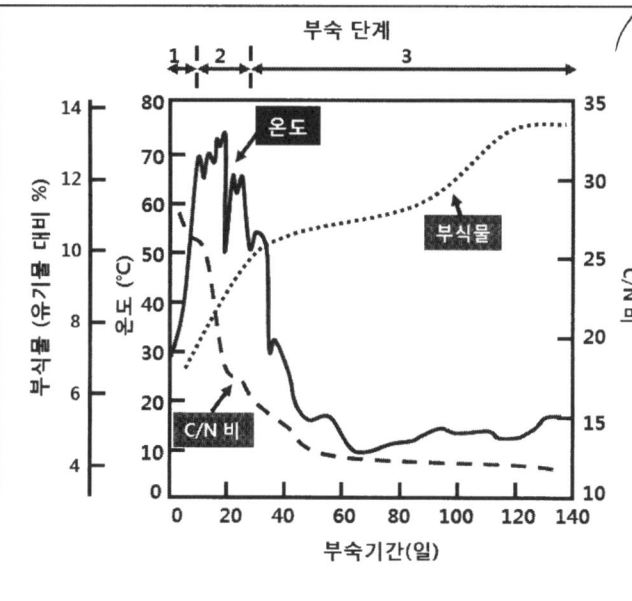

퇴비 제조에 가장 중요한 온도는 1주일 이내에 55℃ 이상으로 높아져서 고온기가 2~3주 유지된 후에 서서히 온도가 낮아집니다. 이때 유기물이 분해되고 탄질비가 낮아지면서 부식물이 만들어지기 시작합니다. 온도가 높이 올라갈수록 악취가 줄어들고 부식물과 퇴비품질이 좋아집니다.

오호!

냄새가 나는 퇴비는 고온기간이 짧고 부숙이 덜 된 퇴비겠네요?

그렇습니다.
악취가 나는 퇴비는 고온기를 충분하게 거치지 않았다는 뜻이며, 병원성균이 남아 있거나 부식물이 많이 생성되지 않았다는 의미입니다. 따라서 퇴비 효과도 낮고 암모니아 가스 피해도 주의해야 합니다. 비료공정규격에서도 55℃ 이상에서 최소 15일 이상 고온으로 유지하도록 규정하고 있습니다.

87

퇴비도 많이 주면 이런 피해가

과거의 퇴비는 산야초, 흙, 인분, 재, 석회질비료를 혼합해서 만들었는데

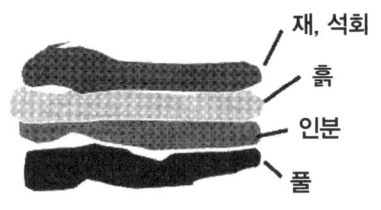

산야초는 유기물원, 인분은 양분, 흙은 미생물, 재, 석회질비료는 산성토양 개량 목적으로 혼합한 것으로

- 재, 석회 → 산성토양 개량 효과
- 흙 → 미생물 첨가 효과
- 인분 → 양분공급 효과
- 풀 → 유기물 효과

6개월 이상 부숙되는 과정에서 미생물의 분해산물인 호르몬, 항생물질, 양분, 토양입단 형성 물질 등이 나와 토양을 개선하는 효과가 큽니다.

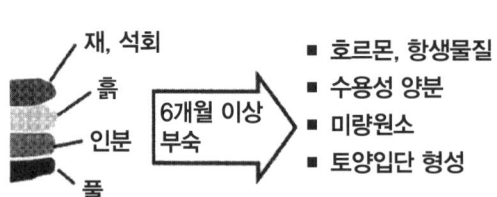

지금은 가축분에 톱밥을 10~50% 혼합하고 2개월 정도 부숙시키는데 	원료가 가축분이기 때문에 미생물 분해로 나오는 물질이 단순하고 염분이 과다할 위험이 있고 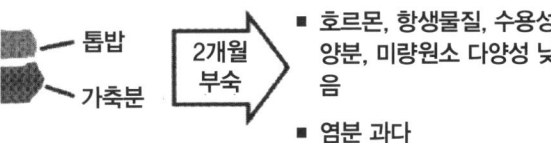 ■ 호르몬, 항생물질, 수용성 양분, 미량원소 다양성 낮음 ■ 염분 과다
석회고토비료, 석고 등의 석회질비료를 첨가하지 않으면 산성토양 개량효과도 없으며, 	토양과 혼합하지 않고 과수 등에 과량으로 쌓아두는 방식으로 많은 퇴비를 주면 산소 공급을 막아서 
통기성이 불량해지고 보수성도 높아져서 뿌리썩음병과 같은 뿌리 관련 병이 많아지고 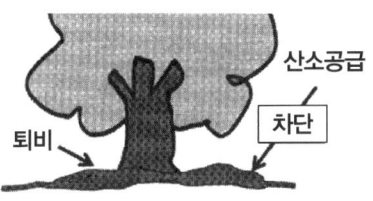 과습 통기불량 → 뿌리썩음병	뿌리의 양분흡수가 불량해져서 줄기나 가지가 말라 결국은 낙엽이 심해져서 서서히 말라 죽게 됩니다.  과습 → 통기불량 → 뿌리썩음병
 야~아, 퇴비도 너무 많이 주면 피해가 많겠네요?	당연합니다. 지금 가축분으로 만드는 퇴비는 예전에 스스로 만들어서 사용하던 퇴비와는 많이 다릅니다. 특히 부숙이 되지 않은 퇴비를 과량 시비하면 과습과 산소 부족으로 뿌리썩음병이 발생하고 세근이 죽는 피해가 많이 나타납니다. 

냄새나는 퇴비는 효과가 낮은 이유

퇴비 구입할 때 어떤 게 좋아?

왜애? 새삼스럽게.

당연히 악취가 나지 않아야지.

나도 그렇게 생각하는데….

퇴비는 냄새가 조금 나야 좋다는 사람도 있고

안 된다는 사람도 있고

어느 게 맞는 거야?

이 사람아!

구수한 냄새가 나고 숙성된 된장이 좋은가 악취 나는 된장이 좋은가

잘 따져보세.

퇴비는 가축분과 부자재(톱밥 등), 첨가제(석회질, 미생물)를 혼합하면 미생물이 먹이로 사용하여 부숙시키면서 만들어내는 대사산물을 이용하는 것인데

퇴비 재료 혼합 → 미생물 → 대사산물

앞에서 설명한 것처럼 잘 부숙된 퇴비에는 토양과 식물에 좋은 다양한 대사산물이 함유되어 있지만

미생물 대사산물
- 수용성 양분
- 부식산(휴믹산, 풀빅산 등)
- 아미노산, 호르몬, 항생물질

악취가 나는 부숙되지 않은 퇴비에는 대사산물의 양이 적습니다.

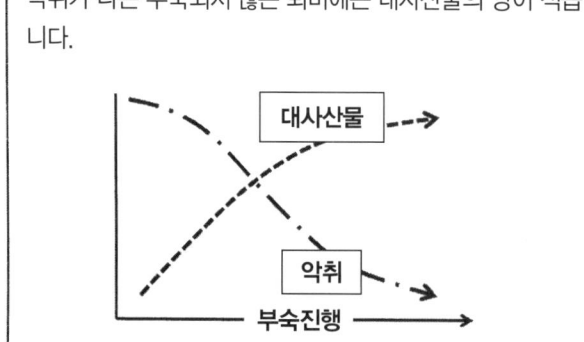

오호, 냄새만 맡아봐도 좋은 퇴비인지 구별할 수 있겠네요.

퇴비는 원료를 혼합하면 그림과 같이 온도가 80℃ 가까이 높아졌다가 낮아지는데 50℃, 15일 이상 고온기가 유지되면서 원료에 있었던 병균, 잡균들이 사멸하고 토양과 식물에 좋은 성분인 대사물질(수용성 양분, 부식산, 아미노산, 호르몬, 항생물질 등)이 만들어지며, 온도가 낮아지면서 후숙 기간을 거치면 안정화됩니다.

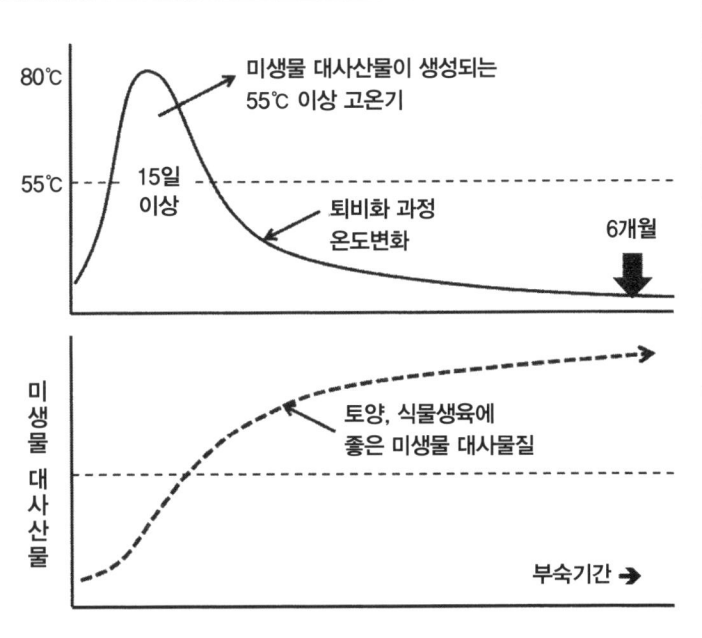

악취는 온도가 올라가면서 가축분의 단백질이 분해되어 암모니아 가스가 발생하면서 나고 온도가 낮아지면서 줄어들기 때문에 악취가 난다는 것은 가스 피해뿐만 아니라 병균이나 잡균이 많으며 퇴비의 좋은 성분인 대사산물이 적다는 것을 의미합니다.

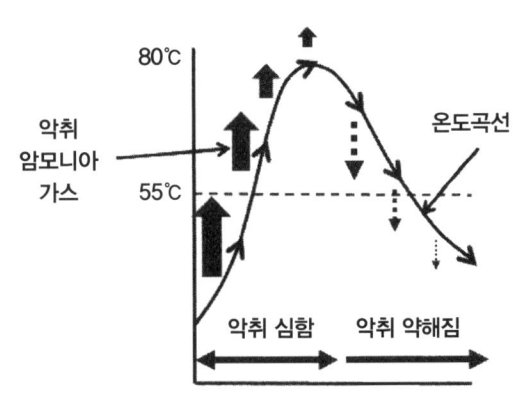

냄새로 퇴비가 부숙되었는지를 판단하는 것이 중요하네요?

예, 그렇습니다.
그래서 앞서가는 농업인들은 퇴비를 구입한 후에 몇 달 동안 비를 맞지 않도록 비닐로 잘 싼 뒤 후숙시켜서 사용합니다.

후숙을 잘 시키면 냄새도 흙 또는 메주 냄새가 나며, 퇴비 효과도 극대화시킬 수 있습니다.

퇴비에 적절한 톱밥 비율

"퇴비에 톱밥이 많은 경우도 있고"
"적은 경우도 봤지?"
"어떻게 알았어?"
"사실, 나도 궁금했거든."

"어떤 퇴비에는 톱밥이 많고 어떤 퇴비에는 톱밥이 적은데 이유가 있겠지?"
"그러~엄."
"어떤 가축분을 사용했느냐에 따라 차이가 많다고 하던데."

가축분은 반드시 적절하게 톱밥을 혼합해야

산소가 충분하게 공급되어 호기성 미생물이 활동하여 부숙이 진행되며

온도가 55℃에서 15일 이상 유지되고 2개월 이상 부숙시켜야 부숙이 완료됩니다.

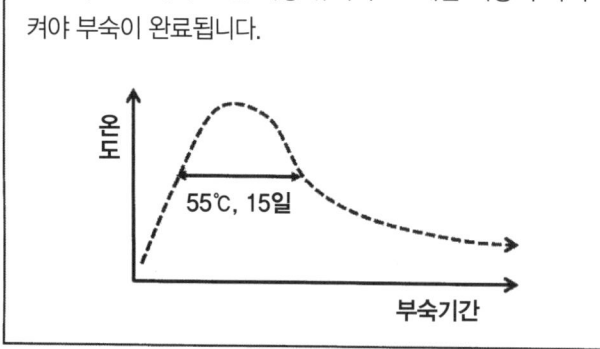

"어? 톱밥이 중요하네요?"
"가축분 종류에 따라 톱밥 혼합량이 달라요?"

계분, 돈분, 우분 중에 양분함량은 계분이 가장 많으며

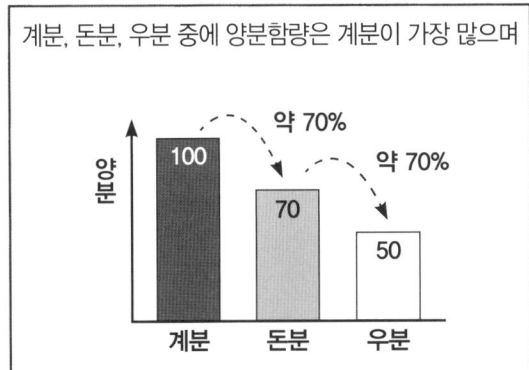

암모니아 가스 발생량도 계분이 가장 많으며,

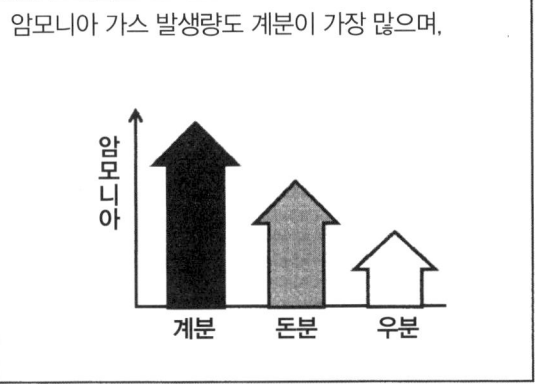

톱밥의 필요량도 계분이 가장 많습니다.

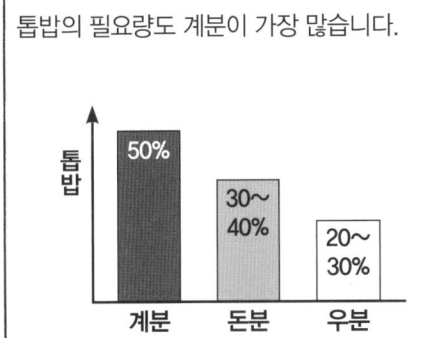

그래서 비료생산업자보증표의 '원료명 및 배합비율'의 톱밥 비율을 자세히 살펴보면

비료생산업자보증표

1. 등록번호:
2. 비료 종류 및 명칭:
3. 실중량:
4. 보증성분량:
5. 원료명 및 배합비율: 계분 0%, 돈분 0%, 우분 0%, 톱밥 0%
6. 생산년월일:
7. 생산업자 주소 및 성명:

부숙이 잘될 수 있는 조건인지

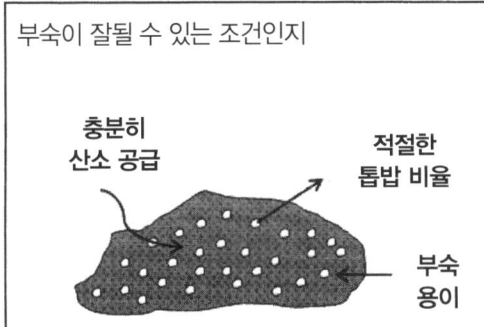

부숙이 어려운 조건인지를 알 수 있습니다.

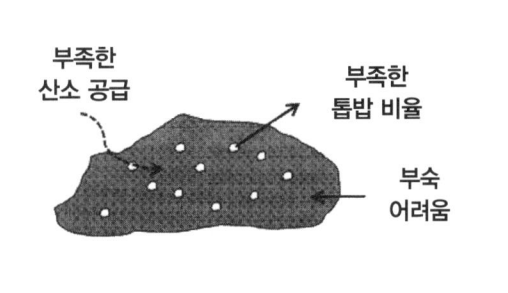

아, 퇴비는 톱밥 비율이 부숙에 큰 영향을 미치네요?

예, 그렇습니다.
그래서 '비료생산업자보증표'의 톱밥 혼합비율을 보면 부숙이 잘되는 조건에서 제조했는지를 짐작할 수 있습니다. 요새는 톱밥 대신에 버섯배지, 팽연왕겨, 수피, 커피박, 유기질비료 원료(미강, 채종유박 등) 등 다양한 톱밥 대용 자재를 사용합니다. 퇴비는 항상 톱밥비율이 적절한지를 살펴야 합니다.

퇴비제조에 사용하는 부자재와 첨가제 효과

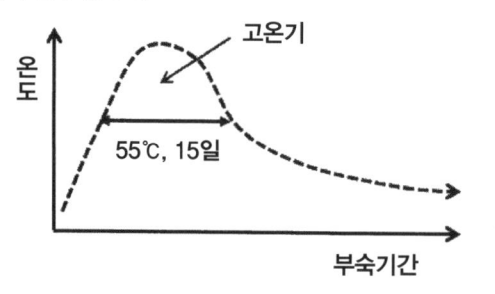

톱밥과 유사한 기능을 가진 부자재는 팽연왕겨, 수피, 버섯배지 등으로 탄질비가 높은 유기물을 사용하는데

톱밥류
- 팽연왕겨
- 수피
- 버섯배지
- 커피박 등

가축분과 톱밥류 비율은 50:50이 적당하며, 톱밥이 많을수록 좋은 부숙조건이 됩니다.

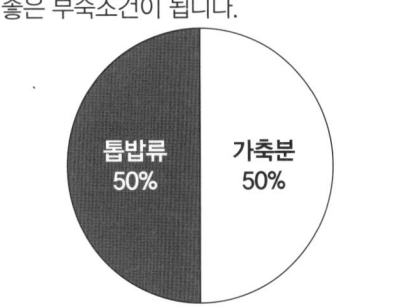

첨가제인 미생물 첨가량이 많을수록 부숙이 잘 일어나며

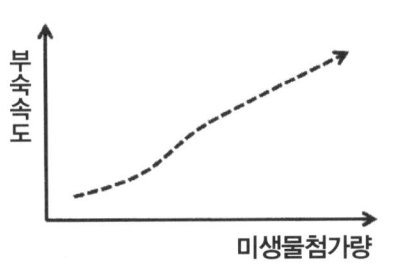

제올라이트, 석회질비료(석회고토, 부산석고 등)가 첨가되어야 산성토양 개량효과가 있습니다.

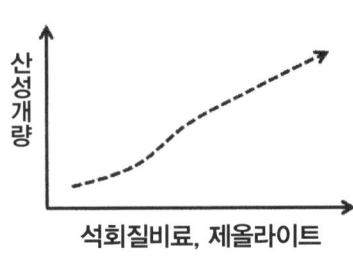

그래서 가축분과 톱밥류(톱밥, 팽연왕겨, 수피, 버섯배지 등)는 50:50, 이외에 미생물과 석회질비료는 각각 5% 이내 혼합하면 부숙퇴비를 만드는 데 최적의 조건이 됩니다.

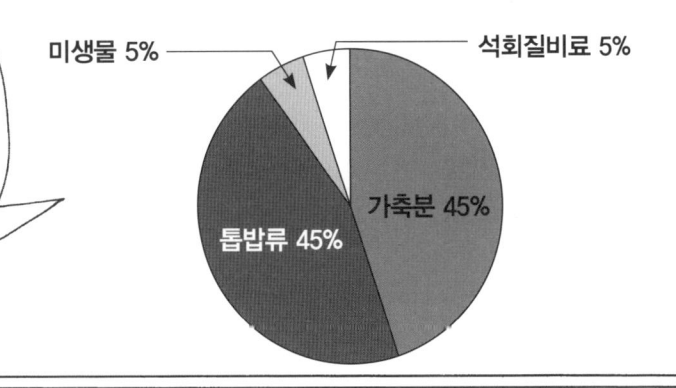

아하~ 가축분, 톱밥, 미생물, 석회질비료 혼합비가 중요하군요.

예, 그렇습니다. 원래 가축분과 부자재인 톱밥류 비율을 50:50으로 혼합하는 것은 기본이고 이외에 미생물을 첨가하면 부숙이 용이해지고 석회질비료를 첨가하여 부숙시키면 산성토양 개량효과도 있는 퇴비가 만들어집니다.

석회, 인산질비료와 퇴비의 궁합

무기질비료는 크게 물에 잘 녹는 비료와 잘 녹지 않는 비료로 나뉘고	퇴비는 완숙퇴비와 미부숙퇴비로 나눌 수 있는데
물에 잘 녹는 비료: 질소비료, 칼륨비료 / **물에 잘 녹지 않는 비료**: 석회질비료, 인산질비료	**완숙퇴비**: 악취 없음, 흙, 메주 냄새 / **미부숙퇴비**: 악취 많음, 홍어, 신맛을 내는 냄새

악취가 나는 미부숙퇴비는 무기질비료와 어떤 반응이 일어날지 모르므로 혼합하지 않는 것이 좋으며

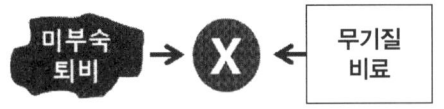

완전히 부숙된 퇴비는 부숙과정에서 만들어진 유기산 등의 대사산물이 물에 잘 녹지 않는 인산비료, 석회질비료와 반응하여

잘 녹으므로 효과가 좋아집니다.

그러나 미부숙퇴비와 혼합하면 가스가 발생할 수 있으므로 주의해야 합니다.

아하, 퇴비를 잘 보고 혼합 여부를 결정해야겠네요.

예, 그렇습니다. 인산질, 석회질비료를 완숙퇴비와 혼합하면 인산, 칼슘, 마그네슘의 용해도가 높아져서 토양과 작물에 도움이 되지만, 냄새나는 미부숙퇴비와 혼합하면 가스 피해가 나타날 수 있으므로 주의해야 합니다.

21 복비와 퇴비의 양분 비교

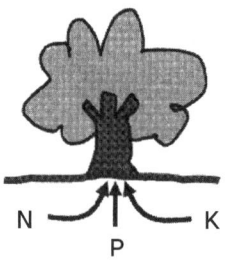
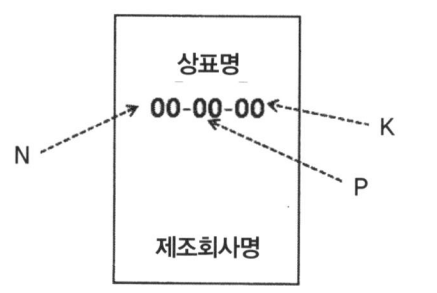
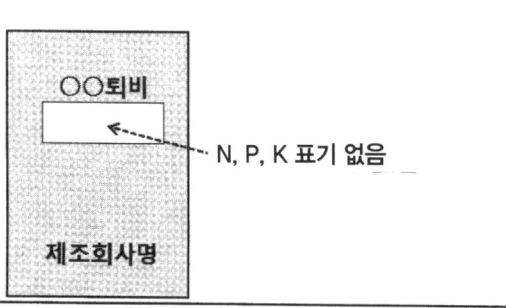

21복비를 예로 들어 설명하면, 21복비에는 N-P-K 이 각각 21%-17%-17% 들어 있어서

20kg 한 포대에는 N 4.2kg, P 3.4kg, K 3.4kg으로 합쳐서 11kg이 들어 있으며

퇴비에는 계분, 돈분, 우분 혼합비율과 수분함량에 따라 차이가 있지만, N-P-K 함량이 약 1%-1.3%-0.7% 정도여서

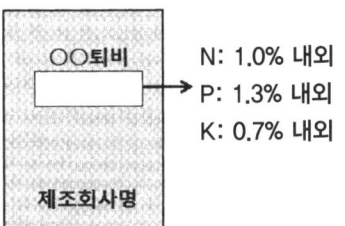

20kg 한 포대에는 N 0.2kg, P 0.26kg, K 0.14kg으로 합쳐서 0.6kg 정도가 들어 있기 때문에

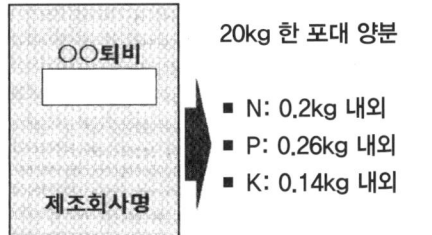

퇴비에 들어 있는 양분은 21복비의 1/18에 불과해 퇴비의 시비적량인 300평당 20포대(400kg)를 시비해도 21복비 1포대에 해당하는 양분밖에 공급할 수 없습니다.

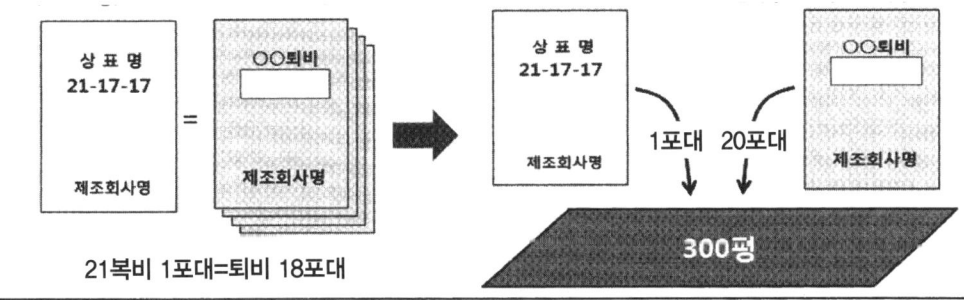

퇴비는 염분 때문에 많이 사용할 수도 없잖아요?

예, 그렇습니다. 퇴비 규격의 염분은 1.8%로 질소와 칼리보다도 함량이 많아서 300평당 20포대 이상 사용하면 염분집적 문제가 발생합니다. 따라서 퇴비로 무기질비료를 대체한다는 생각은 매우 위험한 발상입니다.

제6부 퇴비차 제조하기

::::: 녹차 같은 퇴비차

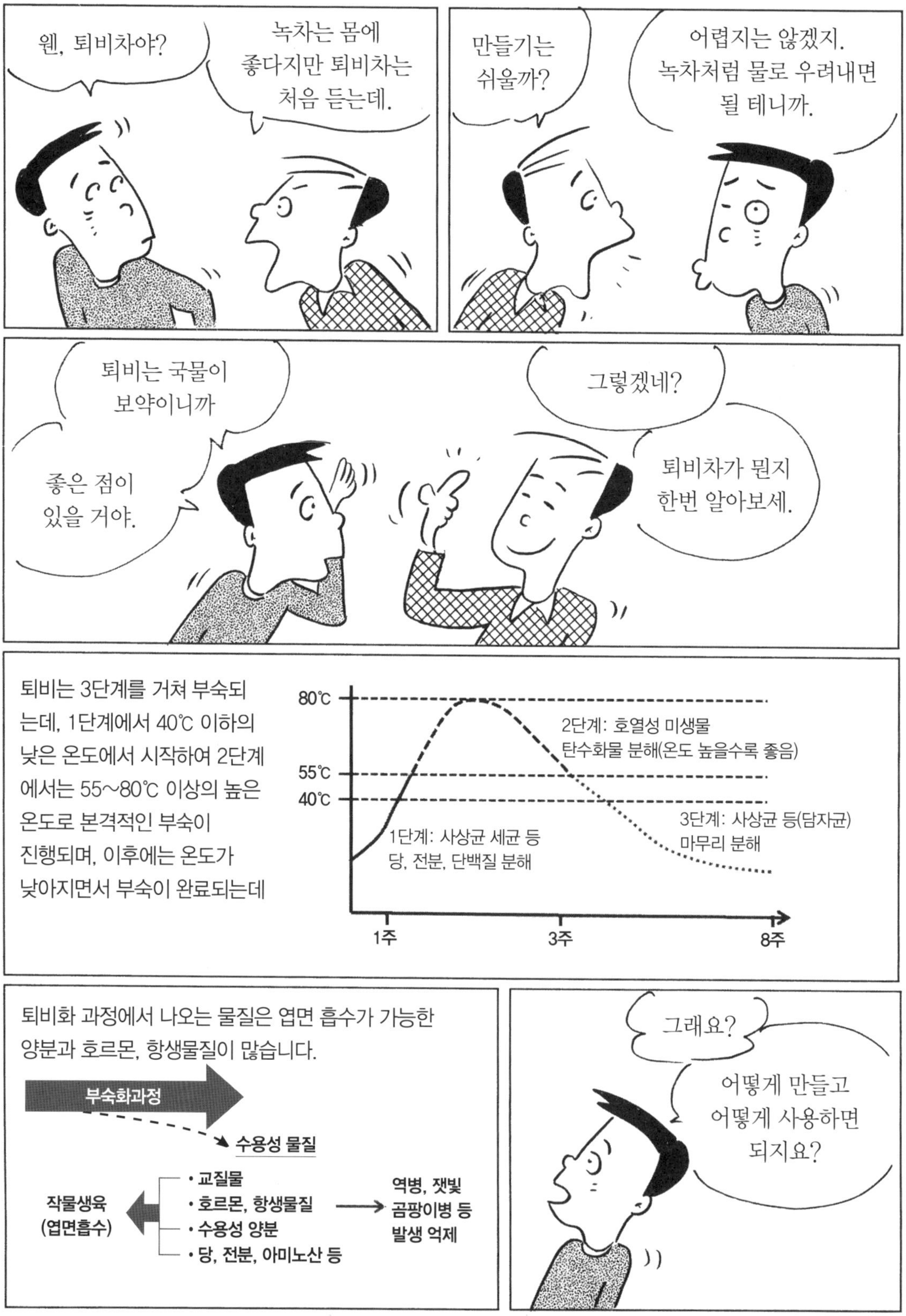

> 웬, 퇴비차야?
> 녹차는 몸에 좋다지만 퇴비차는 처음 듣는데.
> 만들기는 쉬울까?
> 어렵지는 않겠지. 녹차처럼 물로 우려내면 될 테니까.

> 퇴비는 국물이 보약이니까 좋은 점이 있을 거야.
> 그렇겠네?
> 퇴비차가 뭔지 한번 알아보세.

퇴비는 3단계를 거쳐 부숙되는데, 1단계에서 40℃ 이하의 낮은 온도에서 시작하여 2단계에서는 55~80℃ 이상의 높은 온도로 본격적인 부숙이 진행되며, 이후에는 온도가 낮아지면서 부숙이 완료되는데

- 1단계: 사상균 세균 등 당, 전분, 단백질 분해
- 2단계: 호열성 미생물 탄수화물 분해(온도 높을수록 좋음)
- 3단계: 사상균 등(담자균) 마무리 분해

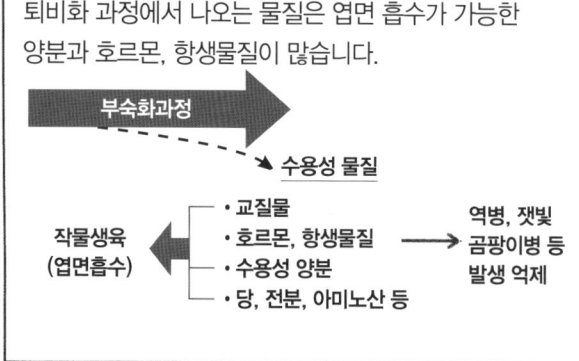

퇴비화 과정에서 나오는 물질은 엽면 흡수가 가능한 양분과 호르몬, 항생물질이 많습니다.

> 그래요?
> 어떻게 만들고 어떻게 사용하면 되지요?

녹차를 우려내는 방법과 비슷한데, 50말 통에 완숙퇴비 1~5포대 내외를 넣고 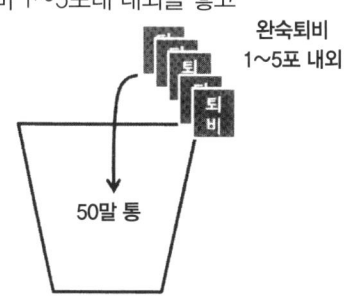	서늘한 곳에서 부패하지 않도록 자주 저어주거나 공기를 주입시키고 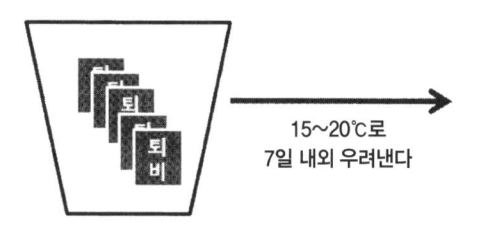
찌꺼기는 걸러내어 토양에 퇴비로 사용하고 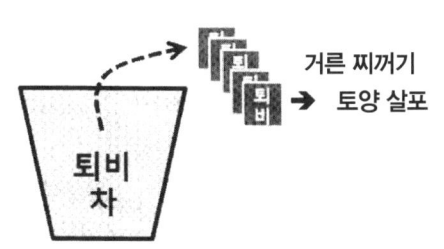	걸러낸 퇴비차는 보리차 색으로 희석하여 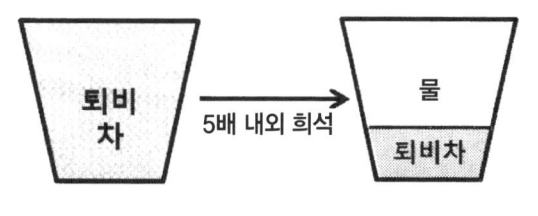
작물의 종류에 따라 채소 또는 어린싹에는 희석배수를 높여 농도를 낮추는 것이 좋으며, 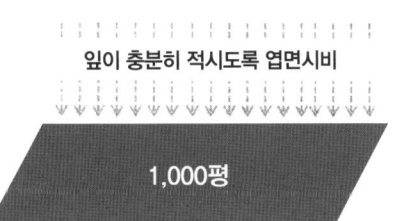	퇴비차를 만드는 퇴비는 부숙이 완전히 진행되어야 하므로 미리 퇴비를 구입하여 비닐을 덮어두는 것도 좋은 방법입니다. 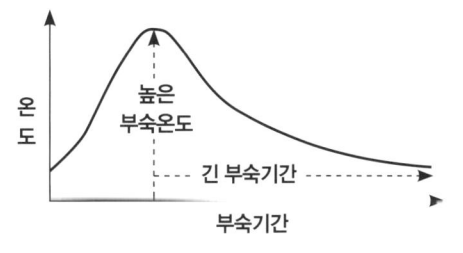

꿩 먹고 알 먹고네요?

퇴비는 부숙되면서 여러 가지 좋은 수용성 성분들이 생성됩니다. 녹차를 우려내어 마시듯이 퇴비를 우려내어 엽면시비하고 찌꺼기는 토양에 사용하면 일거양득입니다. 작물에 따라 제조하는 양과 희석배수를 조절하면 양분을 공급하고 병을 예방하는 데 좋습니다. 개선된 방법은 차차 설명드리지요.

유기농 퇴비차 만들기

퇴비는 유기농자재로 공시된 완숙퇴비 1포대를 부직포 한약추출 보자기에 넣고 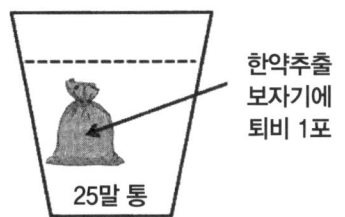	작물에 필요한 양분은 개략적으로 (N, P, K) 100: (Mg, S) 10: (미량요소) 1이므로 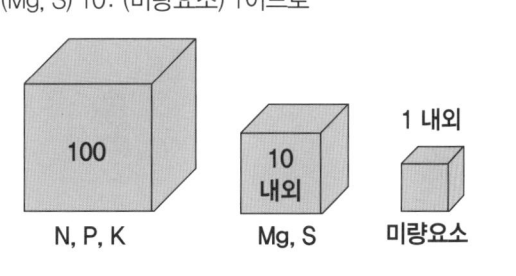
N, P 함량이 10~15%, K이 조금 들어 있는 구아노를 1kg 정도 넣고 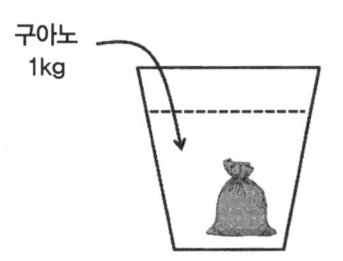	K, Mg, S이 20% 정도 함유된 랑베나이트(설포마그)를 100~200g 넣은 다음 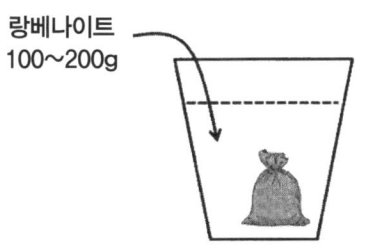
붕사를 10~20g 넣고 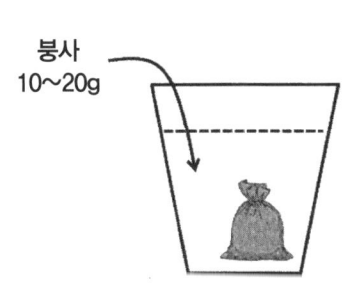	농업기술센터 공급 미생물도 같이 넣어서 간장색이 될 때까지 우려내면 훌륭한 유기농 퇴비차가 됩니다. 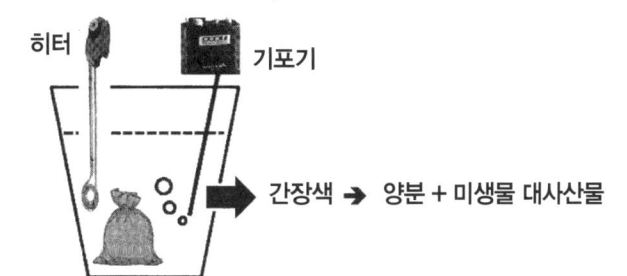
오호, 유기농 복합비료를 만들듯이 퇴비차를 만들면 되네요? 	예, 그렇습니다. 작물의 종류와 생육시기에 따라 퇴비, 구아노, 랑베나이트, 붕사 첨가량을 적절하게 조절하면 관행농처럼 관주용, 엽면시비용 유기농 퇴비차를 손쉽게 만들어 주기적으로 사용할 수 있으며 유기농 작물에 필요한 양분을 충분하게 공급할 수 있습니다. 

퇴비차 칼슘제 만들기

아직도 병에 든 칼슘제를 쓰는 사람이 있더라고.

바보!

물에 탄 비료는 물값을 줘야지.

효과 좋은 칼슘제 만드는 좋은 방법이 없을까?

킬레이트 칼슘제는 효과는 좋은 것 같은데 비싸고

병에 든 칼슘제는 너무 바가지 쓰고

좋은 방법 좀 소개해줘.

나도 궁금해.

퇴비차로 칼슘제 만드는 방법이 있다는데

한번 공부해 보세.

흙냄새나 메주 냄새가 나는 잘 부숙된 퇴비에는 대사산물이 많은데

완숙퇴비 (악취 없음) ⇨ 대사산물

미생물 대사산물에는 킬레이트와 같은 성분이 많기 때문에

미생물 대사산물 ≈ 킬레이트

퇴비차에 염화칼슘을 녹이면 흡수가 잘되는 엽면시비용 칼슘제를 만들 수 있습니다.

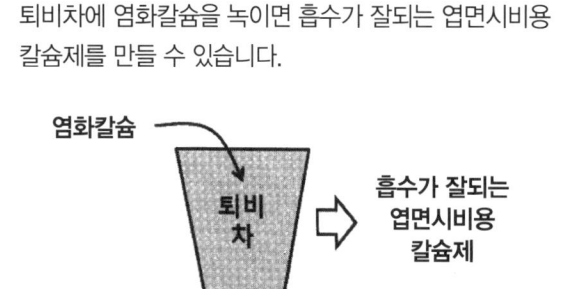

염화칼슘 → 퇴비차 ⇨ 흡수가 잘되는 엽면시비용 칼슘제

오호, 좋은 생각인데요.

만드는 방법은요?

우선 멸치 국물을 우려내는 다시팩에 완숙퇴비 1kg 정도를 넣고 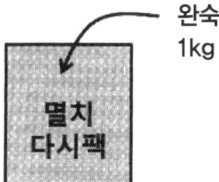	25말 통에 물을 채운 뒤 완숙퇴비를 넣은 멸치 다시팩을 넣고 며칠 동안 막대로 잘 저어주면서 
연한 간장색(보리차 색깔)으로 충분히 우러나도록 한 후에 	식용염화칼슘 1kg을 넣고 저으면 쉽게 녹으며, 농도는 0.2%가 됩니다. 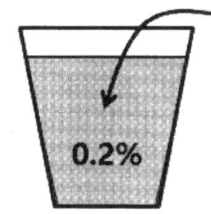
칼슘은 식물체에서 잘 이동이 안 되어 과일에 결핍이 나타나는 대표적인 양분이므로 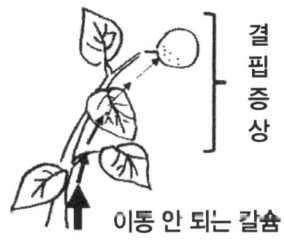	퇴비차 칼슘제를 제조하여 엽면시비하면 흡수량을 높이는 데 도움이 됩니다. 

아하, 퇴비차를 다양하게 이용할 수 있네요.

예, 그렇습니다. 퇴비는 부숙과정에서 다양한 미생물 대사산물이 만들어지며 이 대사산물은 양분흡수, 병에 대한 저항성 등이 매우 훌륭합니다. 그러나 가장 중요한 것은 반드시 완숙된 퇴비를 사용해야 한다는 것을 명심해야 합니다.

쉽게 만드는 효과 좋은 퇴비차

퇴비는 부숙과정에서 미생물에 의해 수용성 대사산물이 많이 생성되는데

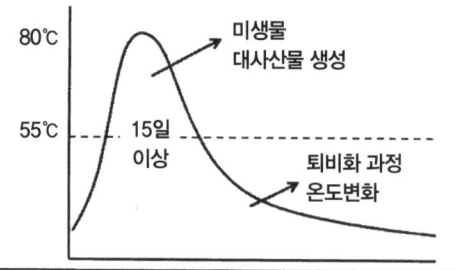

대사산물은 수용성 양분, 아미노산, 부식산(휴믹산, 풀빅산), 호르몬, 항생물질 등 매우 다양하고 많으며,

미생물 대사산물
- 수용성 양분
- 부식산(휴믹산, 풀빅산 등)
- 아미노산, 호르몬, 항생물질

물에 쉽게 녹기 때문에 녹차처럼 우려내어 관주 또는 엽면시비에 이용합니다.

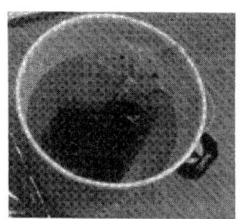

퇴비는 부숙과정의 고온기에 작물에 도움이 되는 다양한 대사산물이 만들어지며

이 대사물질은 수용성으로 쉽게 물에 녹기 때문에

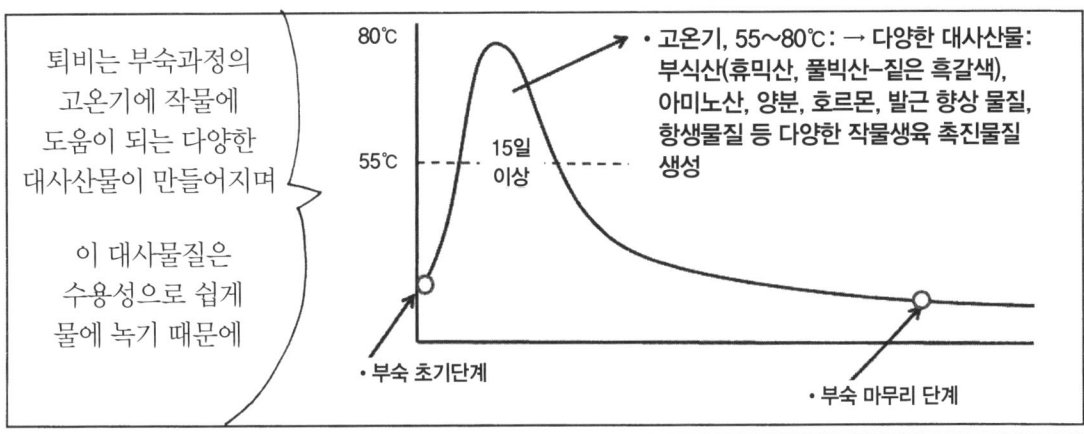

- 고온기, 55~80℃ : → 다양한 대사산물: 부식산(휴믹산, 풀빅산-짙은 흑갈색), 아미노산, 양분, 호르몬, 발근 향상 물질, 항생물질 등 다양한 작물생육 촉진물질 생성
- 부숙 초기단계
- 부숙 마무리 단계

25말 통에 물을 3/4 정도 채우고 완숙퇴비 0.5~1포를 부직포에 넣어 담고고

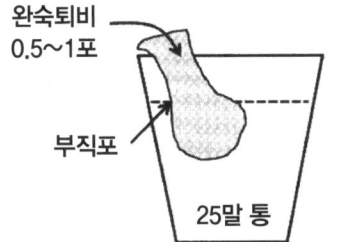

기포기로 공기를 주입하거나 막대로 저어주면서 7~10일 정도 지나면

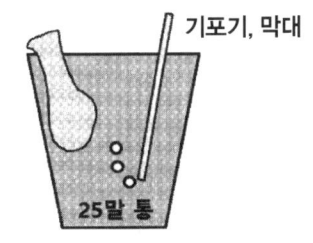

간장 색깔의 진한 퇴비차(대사산물)가 만들어지며

아이스아메리카노색 정도로 희석하여 작물이 잘 자라는 시기에 사용합니다.

- 용도: 관주/엽면시비
- 사용농도: 아이스아메리카 노색 정도로 희석하여 사용

녹차를 우려 마시는 것과 같네요?

예, 퇴비차는 녹차처럼 진하게 우려도 되고 약하게 우려서 사용해도 됩니다.
경험이 많은 농가들은 퇴비차에 무기질비료, 4종복비, 칼슘·붕소 엽면시비용, 미량요소를 첨가하여 영양제처럼 만들어 사용합니다.
더 많은 자료는 '흙과 비료와 벌레 이야기' 밴드를 참조하세요.

제7부 엽면시비

엽면시비 농도는 얼마가 좋을까(1)

요소는 물에 녹아 암모늄(NH_4)으로 변하며 분자량이 적기 때문에 수 시간 내에 쉽게 흡수되며

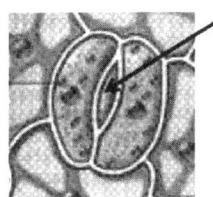

NH_4

분자량: 14+4=18

인산은 느리게 흡수되는 대표적인 양분이며

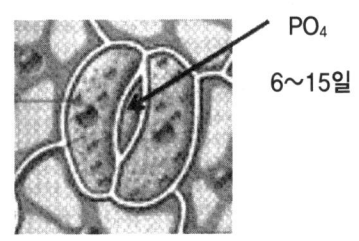

PO_4

6~15일

칼륨과 칼슘은 요소보다는 늦지만 인산보다는 빠르게 흡수되며

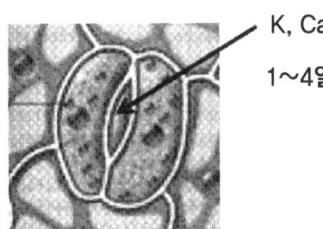

K, Ca

1~4일

황이 든 비료는 황산염(SO_4)으로 변하며, 분자량이 커서 느리게 흡수되어 잎 표면에 남아 피해를 줄 수 있으므로 잘 사용하지 않으며

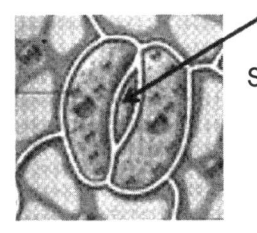

SO_4

SO_4 분자량: $32+(16×4)$
=96

붕소, 망간, 몰리브덴 같은 미량원소는 비교적 잘 흡수됩니다.

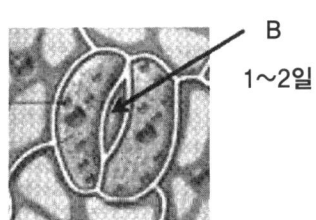

B

1~2일

희석농도는 0.2~0.5%가 적당한데, 50말에 2~5kg을 물에 녹여 사용하는 것이 적당합니다.

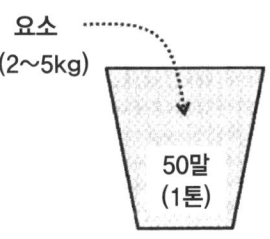

요소
(2~5kg)

50말
(1톤)

효과를 빨리 보려고 농도를 높게 하면 어떻게 되지요?

요소와 같은 양분의 농도를 높게 하면 공변세포가 피해를 입어 낙엽이 될 수 있습니다. 그래서 희석 농도는 가능하면 낮게 하는 것이 좋은 방법입니다. 그러나 엽면시비를 너무 자주 하면 뿌리가 약해지는 것도 염두에 두어야 합니다. 이 자료는 이완주 박사님의 〈흙을 알아야 농사가 산다〉에서 인용한 것입니다.

엽면시비 농도는 얼마가 좋을까(2)

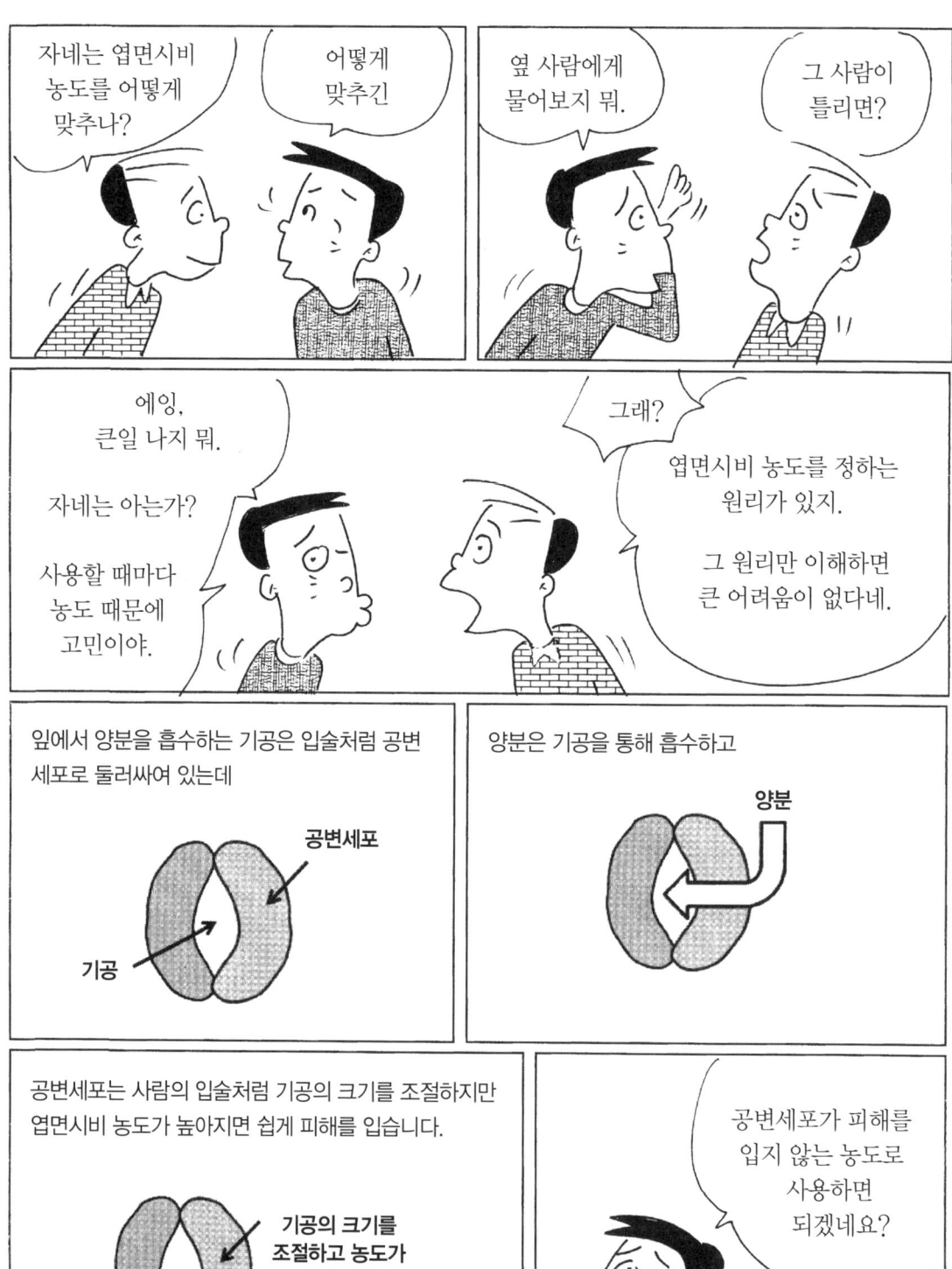

기공이 닫히고 공변세포가 팽창하지 않으면 엽면시비 피해가 적고

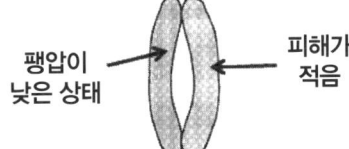

기공이 크게 열리고 공변세포가 팽창되면 쉽게 피해를 입는데

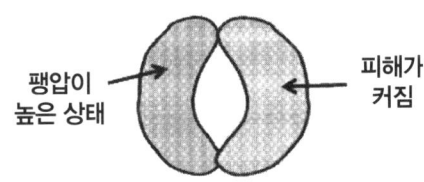

농촌진흥청, 학계에서는 오른쪽에 설명한 그림처럼 식물양분별 엽면시비용 농도와 범위를 정하고 무엇으로 제조하는 것이 좋은지를 알려주고 있는데,

- 질소(요소): 0.2~0.5%
- 인산, 칼륨(인산칼륨): 0.2~0.5%
- 칼슘(염화칼슘): 0.3~0.5%
- 마그네슘(황산마그네슘): 0.1~0.2%
- 붕소(붕산): 0.2%
- 몰리브덴(암모늄몰리브데이트): 0.03%
- 망간(황산망간): 0.1~0.2%

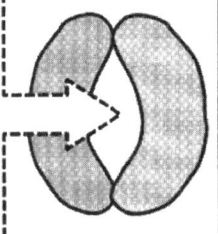

햇빛이 강한 낮과 습도가 낮을 때는 흡수는 잘되지만 공변세포가 쉽게 피해를 입기 때문에 조금 낮게 엽면시비하는 것이 좋으며,

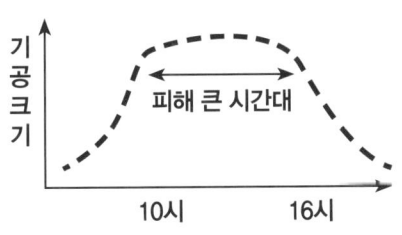

일반적으로 0.2%가 넘지 않도록 하는 것이 피해를 줄이는 방법입니다.

- 질소, 인산, 칼륨, 칼슘: 0.2%
- 마그네슘, 붕소: 0.1~0.2%
- 몰리브덴: 0.03%

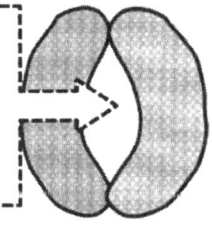

아하, 엽면시비는 너무 욕심을 부릴 필요가 없네요.

예, 그렇습니다. 엽면시비 피해는 광도, 습도 등 기상조건에 따라 달라지고 농도가 높아도 비례해서 흡수량이 많아지지 않습니다. 그래서 0.2% 이상이 되지 않도록 농도를 조절하여 사용하는 것이 피해를 줄이는 방법입니다.

엽면시비는 요소와 21복비 중에 어느 것이 좋을까?

엽면시비? 자주 하는 건데?

엽면시비는 요소와 21복비 중에 어느 것이 좋을까?

작물들이 비실비실해. 요소 엽면시비 할까 하는데 영양을 공급해 주려고.

요소 대신에 N/K 비료나 21복비를 주게나. 질소만 주는 것보다 칼리도 같이 줘야 두 양분의 장점을 모두 이용할 수 있지.

질소 엽면시비는 물에 잘 녹는 요소를 25말당 1~2kg을 녹여 사용하는데

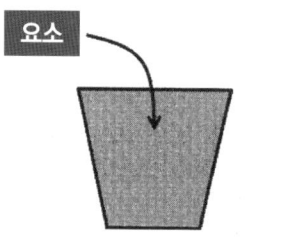

눈에 보일 정도로 잘 크기 때문에

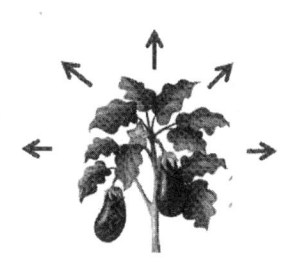

엽면시비 = 요소라고 할 정도로 많이 사용하는 방법입니다.

그렇죠. 어떤 문제가 있어요? 더 좋은 방법이 있나요?

질소만 함유된 요소를 엽면시비하면 세포를 증식시키고

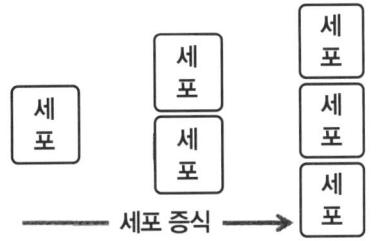

잘 크게 만들지만 세포를 연약하게 해

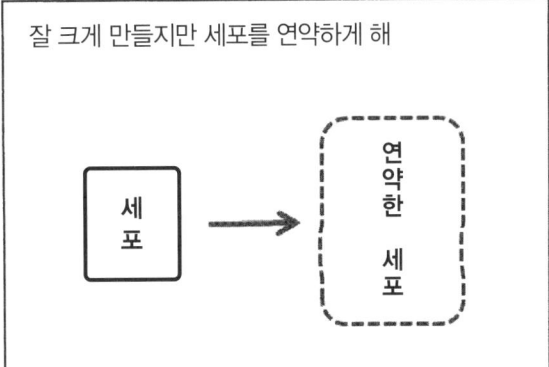

병, 해충에 약한 단점이 있습니다.

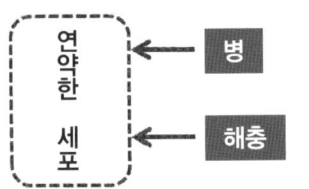

반면에 칼륨은 덜 크지만 세포벽을 단단하게 해 병, 해충에 강한 세포를 만드는 기능이 있기 때문에

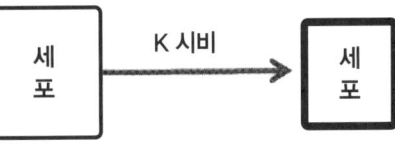

요소와 같은 방법으로 21-17-17 복비를 사용하여 제조하면

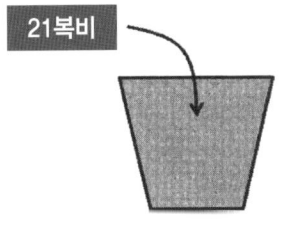

인산은 잘 녹지 않고 밑에 가라앉지만 질소와 칼륨은 물에 잘 녹으므로 N/K 비료처럼 사용할 수 있습니다.

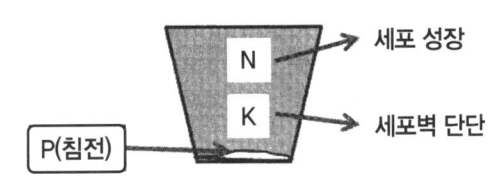

아하! 질소와 칼륨의 장점을 잘 이용하라는 얘기네요?

예, 그렇습니다. 요소는 효과가 매우 빠르고 확실하지만 병, 해충에 약한 단점이 있는데 21복비는 N/K 비료처럼 질소와 칼륨 함량이 비슷하기 때문에 요소보다 효과는 낮지만 병, 해충에는 강한 장점이 있습니다.

칼슘 엽면시비가 필요한 이유

질소는 세포를 크고 약하게, 칼륨은 세포벽 자체를 단단하게 하는 역할을 하며

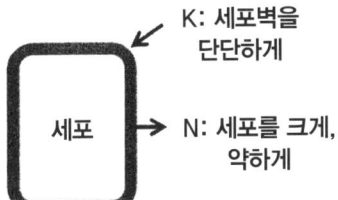

세포 사이를 단단하게 하는 역할은 중엽세포가 하고 펙틴으로 구성되었는데

중엽세포: 펙틴으로 구성

펙틴의 주성분은 칼슘이기 때문에

칼슘이 부족하면 세포끼리 잡아주는 힘이 헐거워져서 세포 전체가 약해져

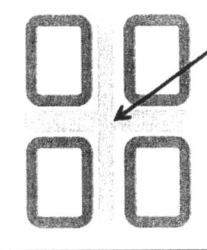

칼슘 결핍
→ 펙틴 부족
→ 중엽세포 약함
→ 세포 전체가 약해짐

병이 발생하기 쉽습니다.

칼슘 부족과 탄저병이 동시에 발생한 예

그래서 석회질비료 토양시비는 산성토양 개량, 칼슘 엽면시비는 과일을 단단하게 합니다.

엽면시비 — 칼슘 공급
토양시비 — 토양개량

열매를 수확하는 작물에는 칼슘의 역할을 잘 알아야겠네요?

예, 그렇습니다. 산성토양을 개량하기 위해서는 석회질비료 토양시비를, 과일을 단단하게 하고 병해에 강한 열매를 수확하려면 칼슘 엽면시비가 좋습니다. 다음에는 엽면시비용 칼슘비료 제조방법을 소개합니다.

엽면시비용 붕소비료 쉽게 만들기

붕소(B)는 원소기호이고, 붕사는 천연에서 온천 침전물, 티베트나 사막의 염호에서 소금처럼 존재하는데

붕사(Borax)
$Na_2B_4O_7 \cdot 10H_2O$

황산 등으로 정제하면 붕산이 됩니다.

$Na_2B_4O_7 \cdot 10H_2O$
↓ 정제
H_3BO_3

붕산(Boric acid)

붕사는 유기농에 사용할 수 있으며, 무농약, 관행농가의 엽면시비용은 붕산을 사용하여 제조하는 것이 편합니다.

붕사 ➡ 유기농에 사용

붕산 ➡ 관행농에 사용

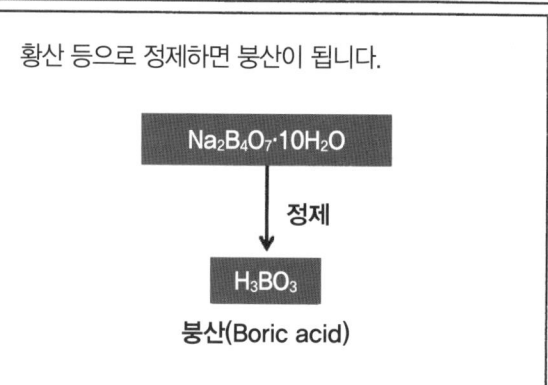

농촌진흥청에서 권장하는 살포농도는 0.2%인데, 시중에 영양제로 판매되는 붕소비료 중에 농도가 너무 낮아 효과를 얻기가 어려운 것이 많기 때문에 주의해야 하며,

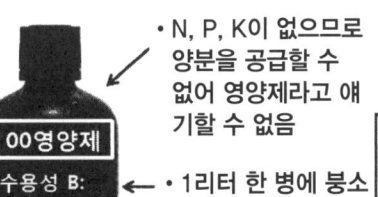

- N, P, K이 없으므로 양분을 공급할 수 없어 영양제라고 얘기할 수 없음
- 1리터 한 병에 붕소 0.5g 함유
- 1리터 한 병에 몰리브덴 0.005g 함유

1,000배 희석하면 붕소 0.0005%, 몰리브덴 0.000005%로 맹물과 같음

100g에 약 500원 내외에 판매하는 의약용 붕산을 약국이나 인터넷을 통해 구입해서

뜨거운 물에 녹여 사용하면 잘 녹는데

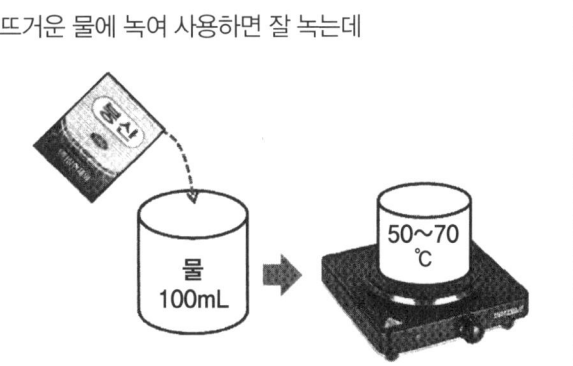

붕산이 물에 녹는 양은 온도에 민감하기 때문에 옆의 표를 참고하여 무게를 재고 녹이면 훌륭한 엽면시비용 붕소비료를 만들 수 있습니다.

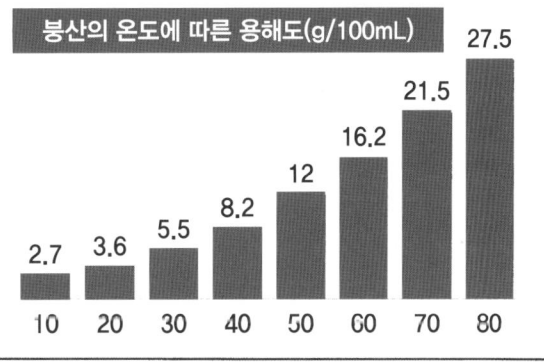

붕산의 온도에 따른 용해도(g/100mL)

온도	10	20	30	40	50	60	70	80
용해도	2.7	3.6	5.5	8.2	12	16.2	21.5	27.5

아~~ 아주 쉽네요?

예, 엽면시비용 붕소비료는 붕산을 구입하고 뜨거운 물에 잘 녹는 성질을 이해하면 누구나 손쉽게 만들어 사용할 수 있습니다. 일반적으로 0.1~0.2% 용액을 만들어 꽃 피기 전후에 2~3회 살포하면 열매의 크기, 모양이 좋아집니다. 다음에는 칼슘제를 스스로 만드는 방법을 소개하지요.

엽면시비용 칼슘비료 만들기

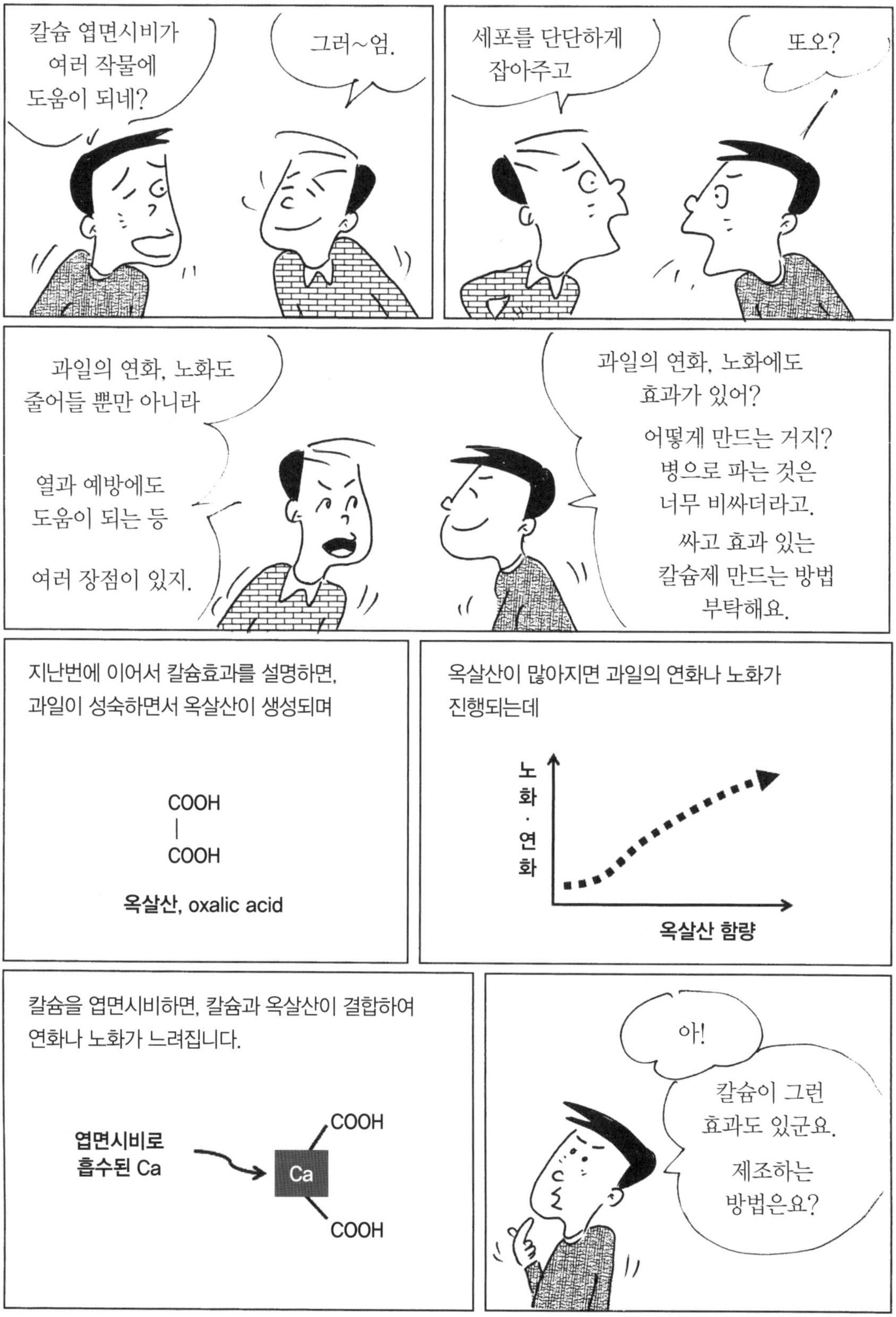

- 칼슘 엽면시비가 여러 작물에 도움이 되네?
- 그러~엄.
- 세포를 단단하게 잡아주고
- 또오?
- 과일의 연화, 노화도 줄어들 뿐만 아니라
- 열과 예방에도 도움이 되는 등 여러 장점이 있지.
- 과일의 연화, 노화에도 효과가 있어? 어떻게 만드는 거지? 병으로 파는 것은 너무 비싸더라고. 싸고 효과 있는 칼슘제 만드는 방법 부탁해요.

지난번에 이어서 칼슘효과를 설명하면, 과일이 성숙하면서 옥살산이 생성되며

$$\begin{array}{c} COOH \\ | \\ COOH \end{array}$$

옥살산, oxalic acid

옥살산이 많아지면 과일의 연화나 노화가 진행되는데

(그래프: 가로축 옥살산 함량, 세로축 노화·연화)

칼슘을 엽면시비하면, 칼슘과 옥살산이 결합하여 연화나 노화가 느려집니다.

엽면시비로 흡수된 Ca → Ca — COOH / COOH

- 아!
- 칼슘이 그런 효과도 있군요. 제조하는 방법은요?

엽면시비용 칼슘을 제조할 수 있는 칼슘화합물은 여러 종류가 있는데

칼슘화합물	염화칼슘, 질산칼슘, 탄산칼슘, 수산화칼슘, 초산칼슘, 구연산칼슘, 의산칼슘, 굴(조개) 껍데기, 달걀 껍데기, 불가사리 등

여러 연구에 따르면, 사과 과육에 대한 칼슘 흡수 효과는 염화칼슘이 가장 크고

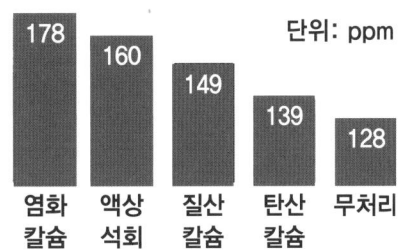

단위: ppm

- 염화칼슘: 178
- 액상석회: 160
- 질산칼슘: 149
- 탄산칼슘: 139
- 무처리: 128

과피에도 염화칼슘이 가장 많이 흡수되고

- 염화칼슘: 720
- 액상석회: 676
- 질산칼슘: 653
- 탄산칼슘: 579
- 무처리: 537

물에 대한 용해도도 염화칼슘이 가장 높아 쉽게 물에 녹여 제조할 수 있습니다.

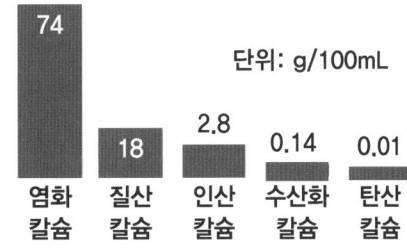

단위: g/100mL

- 염화칼슘: 74
- 질산칼슘: 18
- 인산칼슘: 2.8
- 수산화칼슘: 0.14
- 탄산칼슘: 0.01

식용염화칼슘은 제설용에 비해 불순물이 적고 가격도 kg당 1,000~2,000원으로 저렴하며

- 식용: 불순물 매우 낮음
- 제설용: 불순물 많음

식용염화칼슘 2kg을 1톤의 물에 녹여 0.2% 용액으로 제조하여 사용하면 칼슘 부족에 많은 도움이 됩니다.

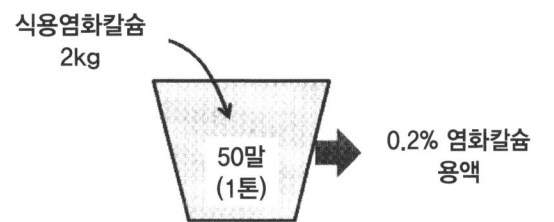

식용염화칼슘 2kg → 50말(1톤) → 0.2% 염화칼슘 용액

오호, 이제 칼슘 엽면시비의 효과와 제조방법을 알겠군요.

예, 칼슘은 세포조직을 단단하게 하여 병에 대한 저항성을 높이고, 소비자가 좋아하는 품질을 생산하는 데도 중요합니다. 칼슘 흡수를 높이기 위해 킬레이트, 미생물비료를 혼합하여 사용하기도 합니다.

붕소 농도를 다르게 사용해야 하는 이유

토양에는 일반적으로 300평당 연간 1kg 정도의 붕산을 시비하면 붕소결핍을 줄일 수 있으며(양이 적으므로 물에 용해시켜 관주하는 것이 편함)

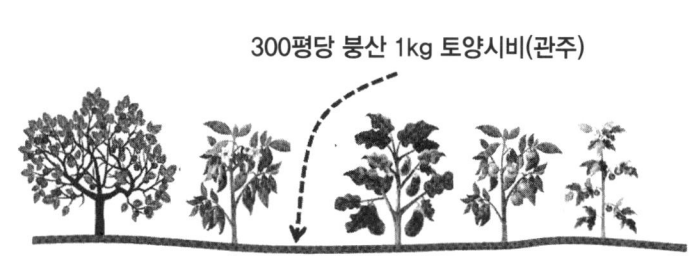

300평당 붕산 1kg 토양시비(관주)

엽면시비는 꽃 피기 전후에 하는데, 붕소가 없는 수도용 비료를 사용한 경우에는 0.2~0.3%로 농도가 높지만

0.2~0.3%(1말당 40~60g 용해)

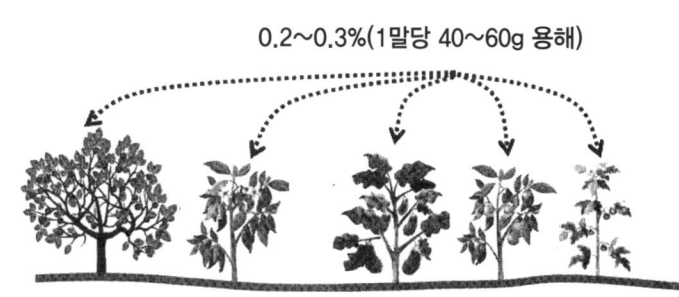

붕소가 함유된 원예용 비료를 사용한 경우에는 0.05~0.1%의 낮은 농도로 엽면 살포하는 것이 좋습니다.

0.05~0.1%(1말당 10~20g 용해)

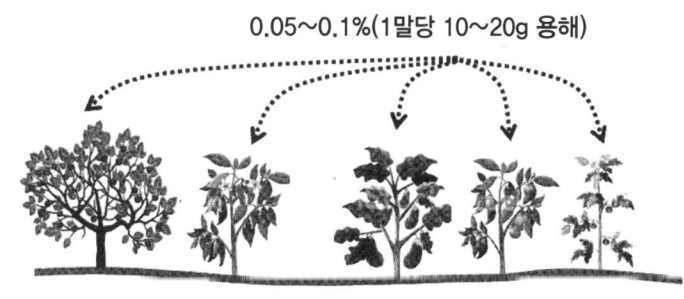

붕소를 반드시 줄 필요는 없죠?

예, 붕소비료는 열매의 모양, 크기에 문제가 있을 때만 사용해야 하며, 과잉으로 사용하면 나뭇가지 끝이 고사하는 현상이 나타납니다. 따라서 반드시 사용하는 비료의 붕소 함유 여부를 확인하고 사용농도를 정해야 하며, 붕산을 녹일 때는 뜨거운 물에만 녹는다는 것도 잊지 마세요.

제8부 산성토양 개량제

토양개량제 용도별 이해하기

- 토양개량제 알지?
- 아, 그럼 새삼스럽기는.
- 토양개량제마다 서로 좋다고 하니까 헷갈려.
- 뭐가 헷갈려?
- 규산질비료도 있고 석회고토, 패화석도 있고 어떤 차이가 있는 거야?
- 차이가 아주 크지. 정부 예산을 같은 항목에서 지원하니까 같은 줄 알지만 용도가 달라.

토양개량제는 규산질비료와 석회질비료를 매년 천억 원 가까이 지원하는데

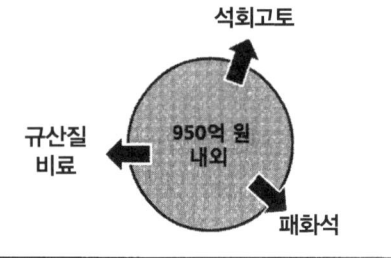

한 예산에서 지원되기 때문에 용도가 같은 줄 알지만

실제로 규산질비료, 석회고토, 패화석의 용도는 크게 다릅니다.

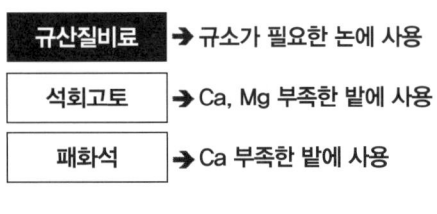

- 규산질비료 → 규소가 필요한 논에 사용
- 석회고토 → Ca, Mg 부족한 밭에 사용
- 패화석 → Ca 부족한 밭에 사용

어? 토양개량제라고 모두 같은 것이 아니네요?

규산질비료는 논토양에 규산이 157ppm 이하일 때 사용하여

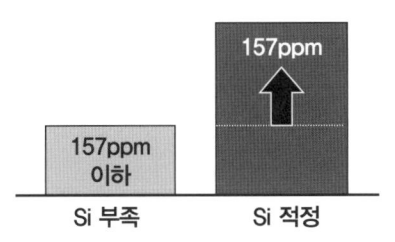

도복을 방지하여 벼가 쓰러지지 않게 하고 병해충 예방에도 도움이 되지만

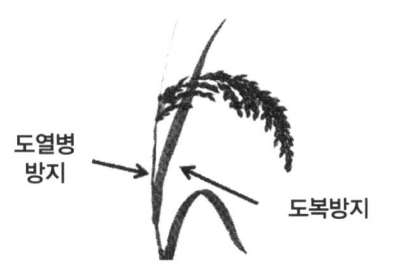

마늘, 양파 등을 제외하고는 필수양분에 포함되지 않는 것이 규소이며,

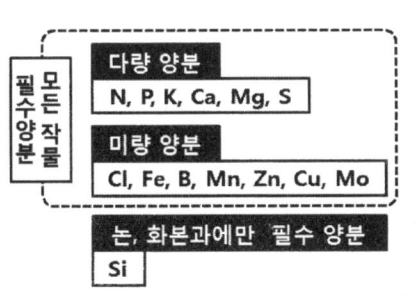

석회고토와 패화석은 산성토양을 중성으로 만드는 용도의 비료로

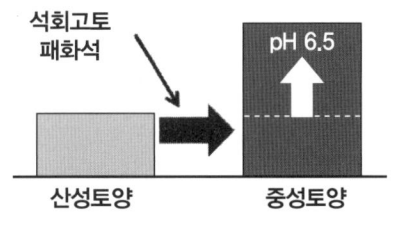

흙토람 토양검정결과를 보고, Ca만 부족하면 패화석을 사용하고

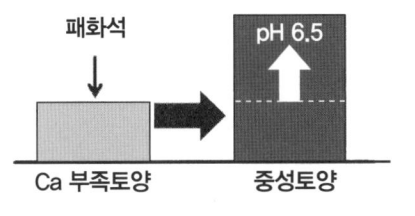

Ca, Mg이 모두 부족하면 석회고토를 사용하는 것이 용도에 맞는 것입니다.

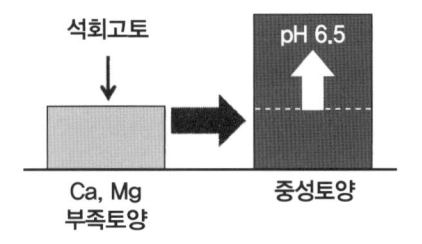

이건, 모두가 알고 있는 기본이잖아요?

예, 농업인이라면 몇 번씩 들었던 내용일 겁니다. 그런데도 사용할 때는 아무 생각 없이 용도와 다르게 쓰는 경우가 많아 다시 한번 강조했습니다. 규산질비료는 논, 패화석은 칼슘이 부족한 산성토양, 석회고토는 칼슘과 고토가 모두 부족한 산성토양에 필요한 토양개량제입니다.

:::: 석회질비료와 알칼리분

석회질비료는 함유된 성분과 알칼리분이 많고 적음에 초점을 두어야 하는데

석회질비료
- 주성분 함량: 알칼리분
- 주성분 종류: 석회, 고토, 황

알칼리분 함량이 높을수록 산성토양 개량효과가 크고

석회(Ca), 고토(Mg), 황(S) 등의 함량이 많을수록 양분학적 의미가 큽니다.

- **석회** ■ 산성토양 개량효과
- **고토** ■ 산성토양 개량 + 광합성 효과
- **황** ■ 맛, 향기

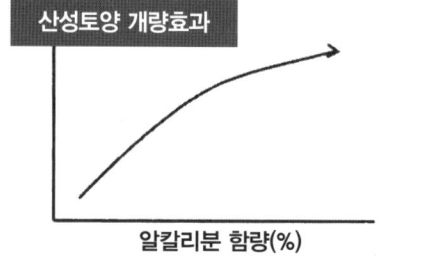

알칼리분은 산성을 중화시키는 석회와 고토의 합으로 나타내는데,

알칼리분 함량(%) = 석회(CaO) + 고토(MgO)

알칼리분은 소석회가 토양개량효과가 가장 크며,

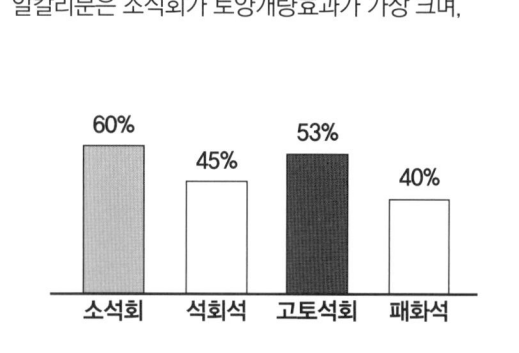

석회고토비료에는 석회와 고토가 있어서 개량효과 외에 광합성에도 도움이 되고

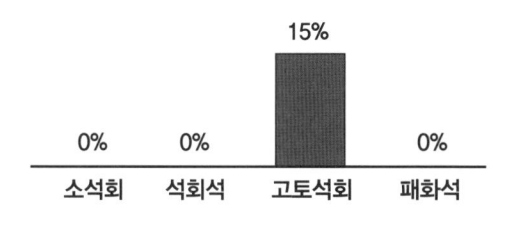

부산석고(칼슘유황비료)는 토양개량효과는 낮지만 맛, 향에 좋은 황이 있습니다.

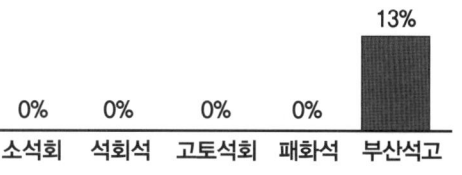

수용성 석회질비료는 액상인 액상석회와 분상인 수용성 석회, 구연산칼슘이 있는데

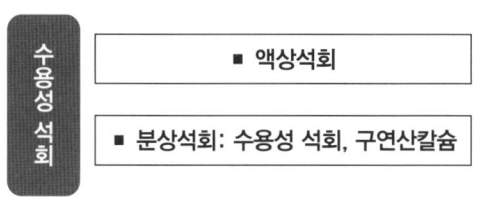

수용성 칼슘이 15~18% 함유되어 있어서 과수의 엽면시비에 사용할 수 있습니다.

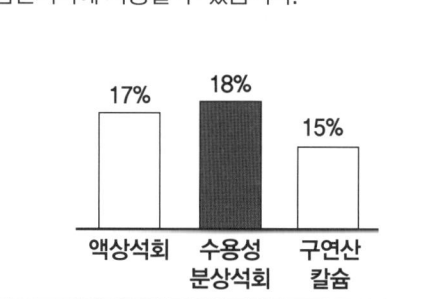

아, 석회질비료는 종류도 다양하고 특성도 다르군요.

예, 맞습니다. 석회질비료는 토양개량 목적에 따라 잘 선택해야 합니다. 특히 정부와 지자체에서 지원하는 석회질비료는 매우 소중한 토양개량제입니다. 석회고토, 패화석, 액상석회질 비료의 특성을 잘 이용하기 바랍니다.

패화석 비료란

석회질비료는 소석회, 석회석, 석회고토, 패화석, 부산석고 등 다양한데

석회질비료 종류

소석회, 석회석, 석회고토, 부산소석회,
부산석회, 패화석, 생석회, 액상석회,
수용성분상석회, 부산석고

패화석은 굴 껍데기를 이용하여 제조하며

1.7mm 체를 98% 통과한 분상 또는 분말을 이용한 입상이어야 합니다.

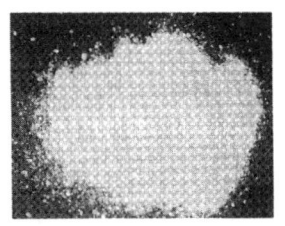

바닷물 1리터(1kg)에는 Ca이 0.42g 녹아 있고 공기 중의 이산화탄소(CO_2)도 바닷물로 녹아 들어 오는데

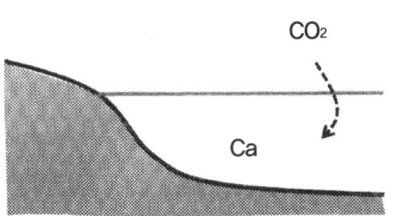

패각류는 이 Ca과 이산화탄소를 이용하여 탄산칼슘 껍데기를 만들기 때문에 굴 껍데기에는 칼슘이 많은 특성이 있으며,

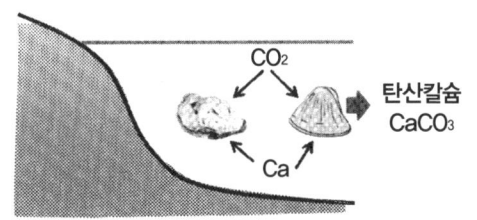

이 특성을 이용하여 1년 이상 염분을 제거하고 700℃의 고온에서 소성 분쇄한 비료가 패화석비료이며

석회질비료의 산성토양을 중화시키는 능력을 의미하는 알칼리분은 함량이 많을수록 효과가 큰데

알칼리분 ∞ 산성토양 중화력

패화석의 알칼리분은 40%로 높은 편은 아니지만 토양을 굳게 하는 단점이 적으며, 석회고토가 Ca 이외에 Mg이 있고 부산석고가 Ca 이외에 황을 함유한 것과는 차이가 있습니다. 생석회는 발열반응 때문에 농업용으로는 잘 사용하지 않습니다.

주요 석회질비료의 알칼리분 함량 (단위: %)

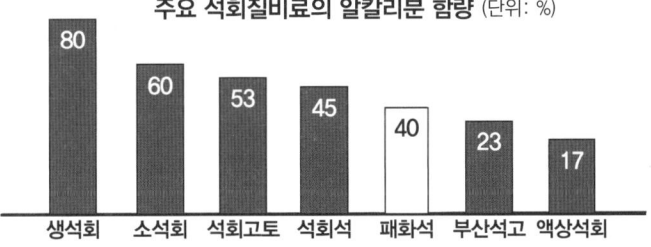

생석회	소석회	석회고토	석회석	패화석	부산석고	액상석회
80	60	53	45	40	23	17

오호, 덕분에 패화석비료도 알고 석회질비료도 공부했네요.

산성토양을 중화하는 능력은 비료의 알칼리분 함량과 토양에서 얼마나 잘 용해되느냐에 따라 달라집니다. 패화석은 소성시키는 온도와 분말도에 따라 용해도가 달라지므로 구입할 때 소성온도를 확인하는 것도 중요합니다.

산성토양 개량하는 퇴비의 조건

산성토양 개량하는 퇴비의 조건

퇴비는 좋은 점이 많잖아?
그러~엄.

산성토양도 개량한다는데?
그런 얘기를 많이 하지.

퇴비만 주어도 산성토양이 개량된다는 것이 맞는 말일까?
글쎄 말이야.

원래 석회고토 등 석회질비료가 산성토양을 개량한다는데…
한번 자세히 알아보세.

토양 표면에는 산성을 나타내는 수소와

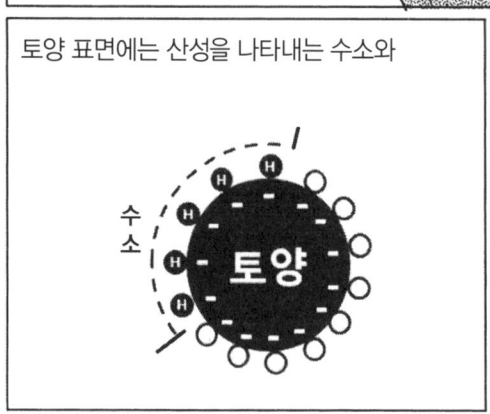

염기성을 나타내는 염기(Ca+Mg+k)가 있어서

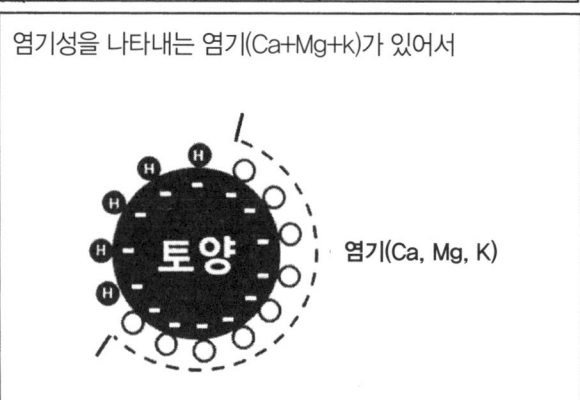
염기(Ca, Mg, K)

수소가 많으면 산성토양, 염기가 많으면 중성 또는 염기성 토양이 됩니다.

오호! 토양 pH는 산성인 수소와 알칼리성인 염기의 균형에 따라 달라지는군요.

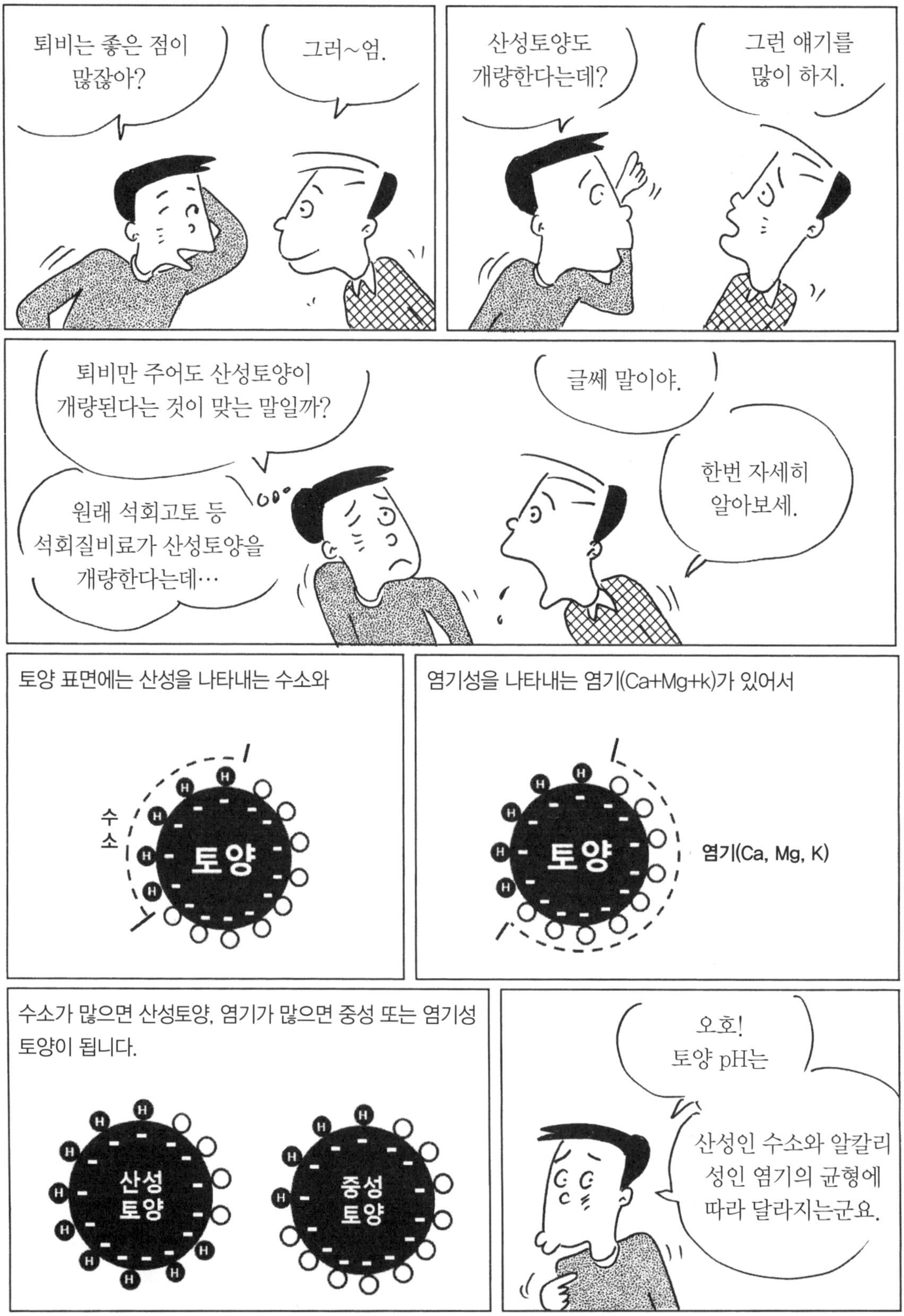

염기는 양분으로 작물에 흡수되고 수소는 계속 빗물과 토양용액에서 공급되어 산성으로 변하기 때문에

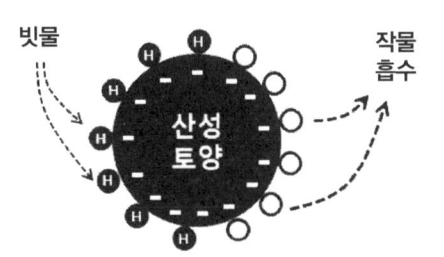

토양 pH는 자연적으로 산성으로 변해갑니다.

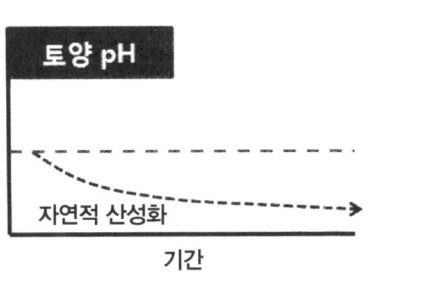

석회질비료를 사용하면 당연히 토양에 염기가 많아져 산성토양이 개량되며

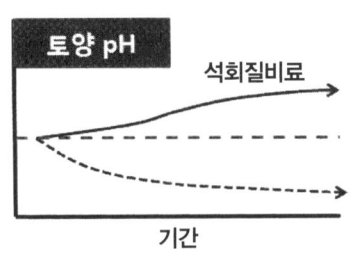

일반 퇴비는 완충용량을 높여 산성토양화를 줄일 수는 있지만 개량은 어려우며

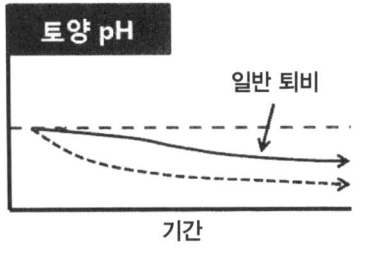

석회질비료를 첨가한 퇴비는 퇴비와 석회질비료 효과가 동시에 나타나므로 산성토양 개량에 기여도가 높습니다.

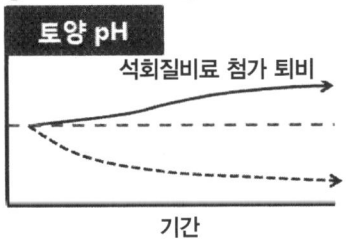

그래서 퇴비 부숙과정에 석회질비료 5%를 혼합할 수 있도록 비료공정규격을 개정했습니다.

퇴비 혼합 석회질비료와 함유물질	
■ 소석회: Ca	■ 패화석: Ca
■ 석회석: Ca	■ 생석회: Ca
■ 석회고토: Ca, Mg	■ 부산석고: Ca
■ 부산석회: Ca	■ 제올라이트: Ca 등
■ 부산소석회: Ca	

아하, 석회질비료를 첨가하여 만든 퇴비만 산성토양 개량효과가 있군요.

예, 일반 퇴비는 토양산성화를 완충해주는 역할을 합니다. 그러나 산성화된 토양을 개량하려면 반드시 칼슘 또는 고토가 함유되어야 효과가 있기 때문에 퇴비도 석회질비료가 함유되었는지를 살펴보고 구입하는 것이 현명합니다.

석회질비료와 다른 비료 혼합할 때 주의할 점

석회질비료는 질소가 들어간 비료와 혼합하면 작물에 해로운 암모니아 가스가 발생하는데

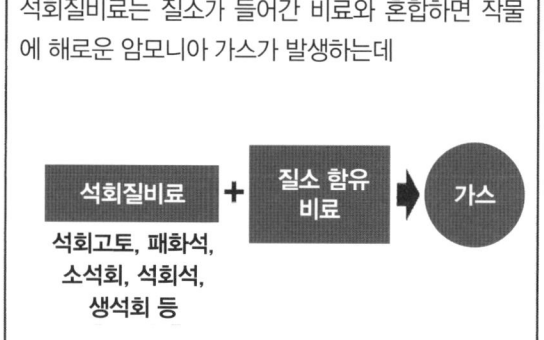

질소비료나 복합비료와 혼합하면 암모니아 가스가 발생할 뿐만 아니라

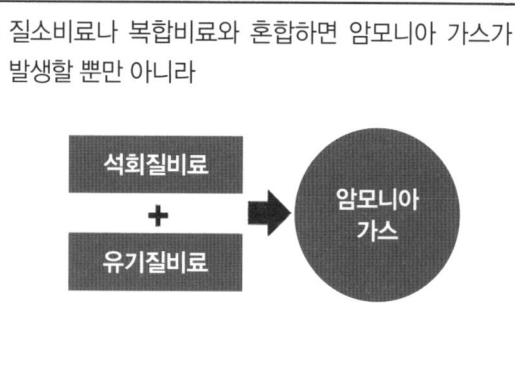

유기질비료도 잘못 혼합하면 기상조건에 따라 서서히 암모니아 가스가 발생하여 발아하려는 씨앗에 피해를 줍니다.

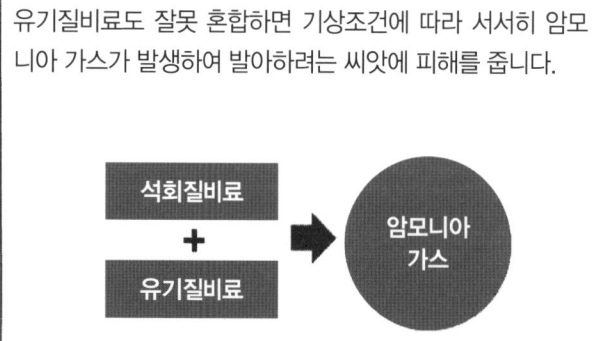

암모늄태질소(NH_4-N)는 알칼리 조건에서 암모니아 가스로 휘발하는 특성이 매우 강한데

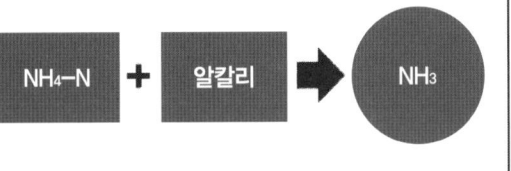

복합비료의 질소는 암모늄태이고 함량이 10% 이상이기 때문에 만나자마자 암모니아 가스를 발생시키고

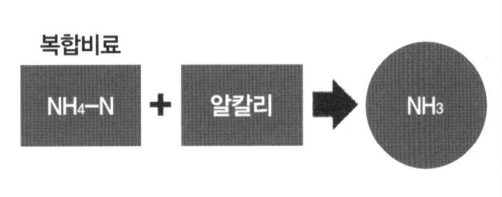

유기질비료도 질소가 4%가 넘어 발효과정에서 암모늄태로 변하여 석회질비료와 반응하여 가스가 발생합니다.

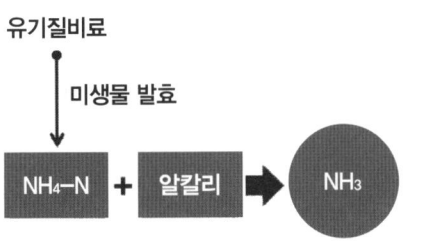

반면에 부숙퇴비는 부숙과정에서 질산(NO_3)으로 변하고 함량도 1% 내외로 낮아 석회질비료와 반응해도 암모니아 가스 발생이 적습니다.

규산질비료도 알칼리분이 40이나 되기 때문에 암모니아 가스 발생에 주의해야 하므로

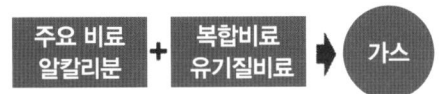

- 생석회 80
- 소석회 60
- 석회고토 53
- 패화석 40
- 규산질 40

항상 석회질비료를 주고 로타리를 쳐서 15일 이상 토양과 충분히 반응시킨 후에 무기질, 유기질비료를 주는 것이 좋습니다.

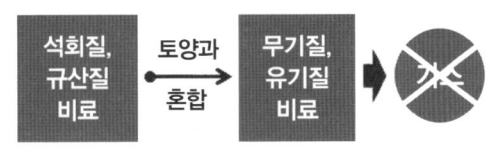

암모니아 가스 피해를 주의해야겠네요?

예, 그렇습니다.
우리 토양이 산성이어서 석회질비료를 권장하는데 이에 따른 가스피해도 많이 발생합니다.
석회질비료와 규산질비료를 사용할 때는 미리 시비하고 토양과 충분하게 반응이 일어난 후에 무기질 또는 유기질비료를 주는 것이 안전합니다.

제9부 염류집적

하우스 토양에 염류가 높아지는 원인

옆집 하우스에서 방울토마토를 재배하는데…

왜? 작황이 좋았대?

아니야, 이유 없이 아래 잎부터 시들더니

왜 그러지?

시간이 지나면서 위쪽 잎까지 마르고

결국엔 줄기도 말라 뿌리를 파봤더니 잔뿌리가 모두 죽었더래.

병 때문인 것도 같고 염류장해처럼 보이기도 하네.

염류와 전기전도도를 잘 이해해야 하는데….

비료를 토양에 주면 여러 양분이 토양에서 용해되어

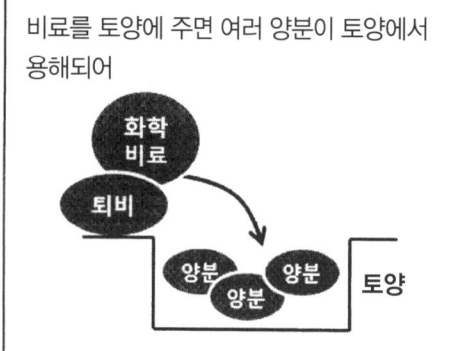

양이온과 음이온으로 나뉘는데

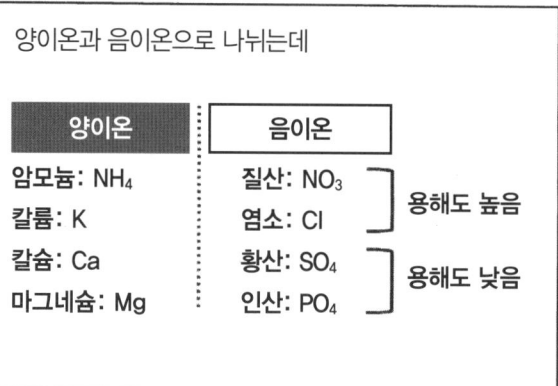

양이온	음이온	
암모늄: NH_4	질산: NO_3	용해도 높음
칼륨: K	염소: Cl	
칼슘: Ca	황산: SO_4	용해도 낮음
마그네슘: Mg	인산: PO_4	

양이온은 쉽게 토양에 흡착되고 음이온 중 질산과 염소는 물에 쉽게 용해됩니다.

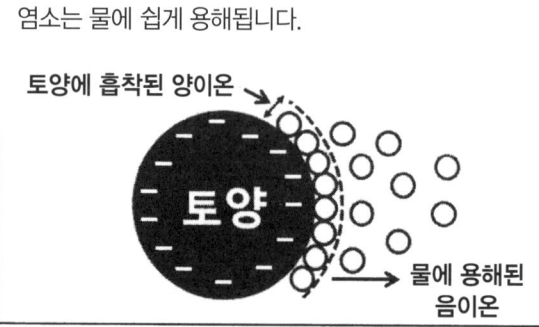

그래요?

염류가 높아지는 원인은 양이온이에요 음이온이에요?

전기전도도(EC)를 높게 하는 염류는 주로 물에 용해된 음이온인 질산과 염소인데 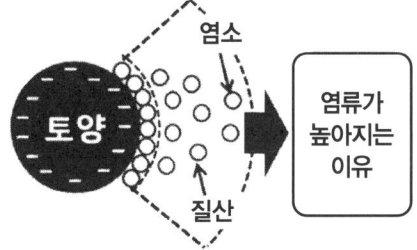	토양에 용해된 질산과 염소가 많아지면 전기가 잘 통하여 EC가 높아지는데 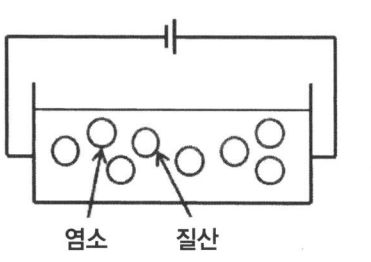
EC가 높아지면 뿌리의 수분이 뺏기고 점차 잎, 줄기의 수분도 뺏기며 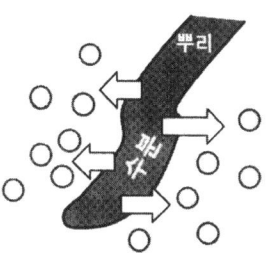	EC가 2dS/m보다 높아지면 가뭄을 타는 것 같은 현상이 심해지기 시작합니다. 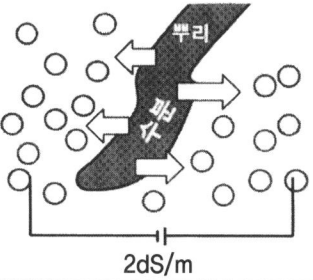
그래서 요소, 염화칼리 비료는 질산과 염소의 농도가 높고 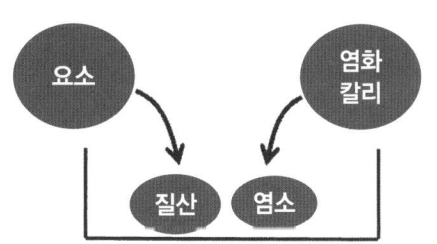	퇴비에는 염소가 많기 때문에 하우스 재배에서는 과량으로 요소, 염화칼리, 퇴비를 주지 않도록 유의해야 합니다. 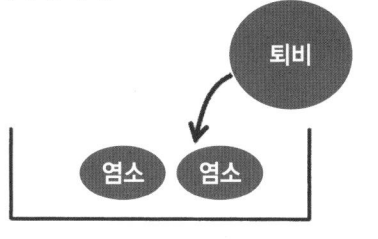
아하, EC를 측정하는 것이 어렵나요? 	아닙니다. EC는 불과 1시간 이내에 측정이 가능하고 농촌진흥청에서 현장에서 측정하는 방법도 개발했기 때문에 쉽게 측정할 수 있습니다. 하우스 재배농가는 수시로 EC를 측정하여 염류집적이 되지 않도록 유의해야 합니다. 

하우스에는 퇴비가 좋을까 유기질비료가 좋을까?

- 하우스에 유기물을 줘야 되는데…
- 주지 그래?
- 퇴비가 좋을까 유기질비료가 좋을까?
- 아무거나 주지 뭐.
- 다 같은 유기물이잖아? 가격을 보면서 구입하면 되지 않을까?
- 가격보다 염류집적 때문에 고민이지. 가스 발생도 걱정되고.

유기질비료는 하우스에 비료를 준 후에 발효가 시작되고

퇴비는 가축분, 톱밥, 석회질비료, 미생물 등을 혼합하여 부숙된 후에 비료를 주기 때문에

유기질비료와 퇴비가 시설재배 토양과 작물에 미치는 영향은 다릅니다.

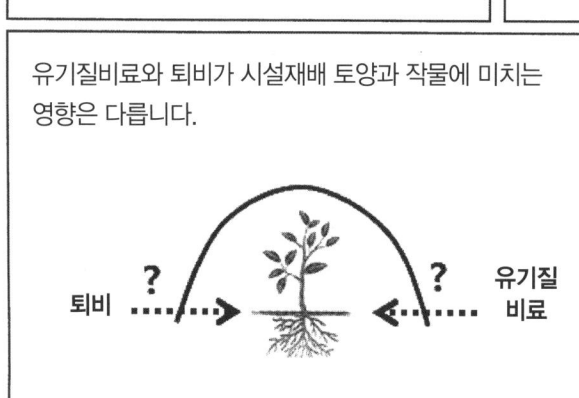

- 으음, 그래요?
- 궁금해하는 농업인이 많을 텐데 잘 설명해주세요.

퇴비는 가축분과 부재료를 혼합하여 2개월간 부숙되면서 대부분의 성분이 물에 녹는 무기질로 변하므로 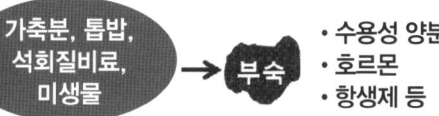	잘 부숙된 퇴비는 주자마자 효과가 나타나기 시작하지만 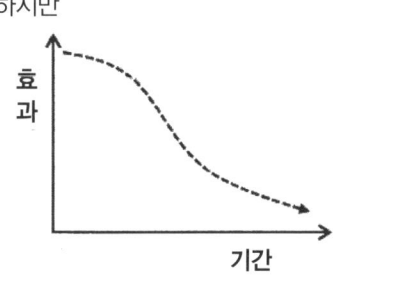
유기질비료는 하우스 내에서 발효되기 때문에 가스가 발생할 수 있으며, 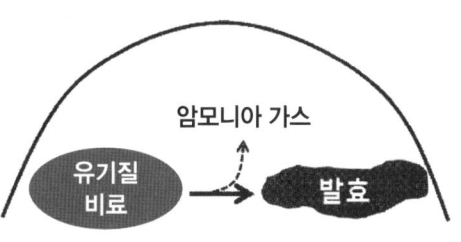	비료효과도 곰팡이가 피고 발효가 시작되어야 나타납니다. 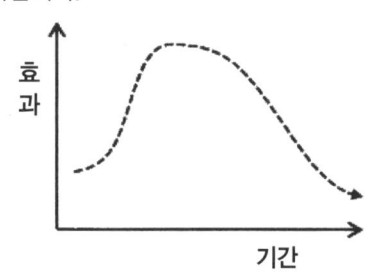
그러나 유기질비료는 퇴비에 비해 수분함량이 1/2, 유기물 함량과 양분이 2배 이상 높으며 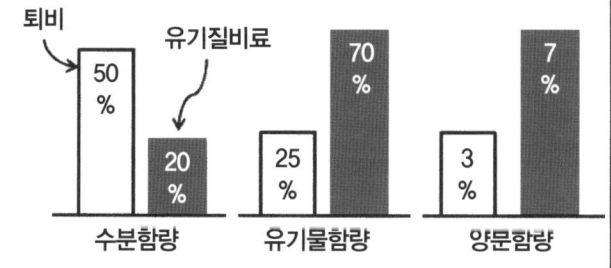	하우스 토양의 문제점인 염류농도는 퇴비의 1/4에 불과합니다. 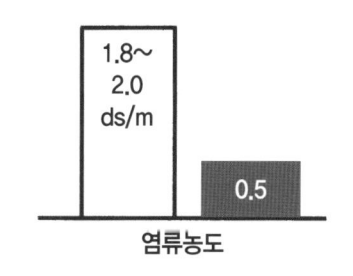
 둘 다 유기물이어서 같은 줄 알았는데…	아닙니다. 유기질비료와 퇴비를 하우스에 사용할 때는 토양과 작물에 미치는 효과와 발생하는 문제점이 전혀 다릅니다. 퇴비를 사용할 때는 염류집적에 주의하고 유기질비료는 가스 발생 등에 유의해야 합니다. 단, 퇴비는 냄새가 나거나 부숙이 안 되면 안 준 것만 못합니다. 

하우스 토양의 염분과 염류집적의 차이

염에는 소금인 염분과 물에 녹아 있는 가용성 염류가 있는데 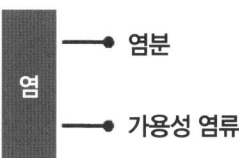	염분은 말 그대로 소금으로 NaCl이며, 간척지 토양은 바닷물, 퇴비는 가축의 오줌에서 나오며 
가용성 염류는 주로 전기전도도를 높게 하는 염으로 염소, 질산염에서 오는데 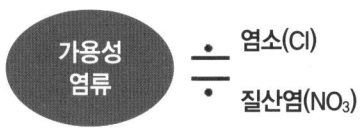 ・ 염소(Cl) ・ 질산염(NO_3)	과다한 무기질비료 사용은 가용성 염류를 높게 하고, 과다한 퇴비 사용은 염분과 가용성 염류를 모두 높게 합니다. 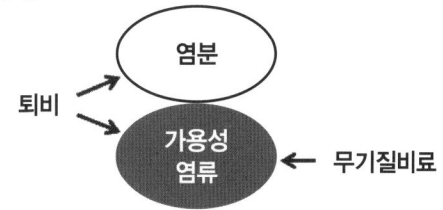
그 이유는 요소비료는 토양에서 질산을, 칼륨비료는 염소를 내놓고 ・ 요소비료 → 질산염(NO_3) ・ 칼륨비료 → 염소(Cl)	퇴비는 오줌에서는 염분을, 단백질과 같은 고형물의 부숙과정에서는 염류인 질산을 내놓기 때문입니다. ・ 오줌 → 염분(NaCl) ・ 고형물 → 질산염(NO_3)

아니? 퇴비는 무조건 좋은 줄 알고 과다시비하는 농가가 많은데요?

그래서 걱정입니다. 하우스 토양에서 퇴비를 과다시비하면 염분과 염류가 동시에 높아집니다. 특히, 표토가 하얗게 변하는 현상은 염분집적으로 인한 원인이 큽니다. 무기질비료 과다시비도 염류농도를 높이지만 퇴비의 과다시비는 염분과 염류농도를 모두 높인다는 것을 명심해야 합니다.

시설재배에서 토성과 염류 장해

염류농도는 전기전도도(EC)로 나타내는데 단위는 다양하게 사용하며 보통 dS/m로 표시하는데

dS/m=mS/cm=mMhos/cm

염류는 토양에 흡착되지 않고 용액에 녹아 있는 질산(NO_3), 염소(Cl)가 대부분이며,

염류 = 용해성 질산 + 염소

작물종류, 토성(토양을 점토, 미사, 모래로 나눈 분류로 12개로 나눔)에 따라 염류 피해가 달라집니다.

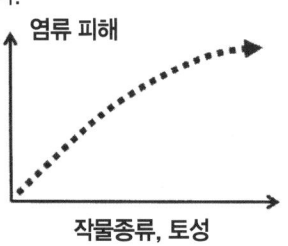

점토함량은 그림처럼 식양토〉양토〉사토의 순서로 많아지는데, 농촌진흥청 연구에 따르면 점토함량이 많을수록 오이의 생육한계점과 고사한계점의 EC가 높아지는 것을 알 수 있습니다.

● 토성명과 점토함량

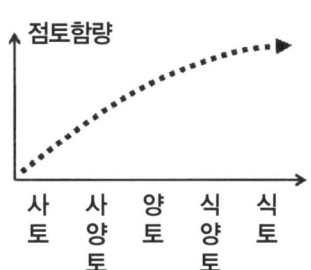

● 생육한계점의 EC

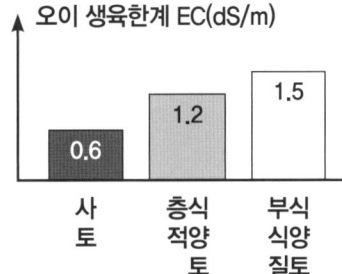

● 고사한계점의 EC

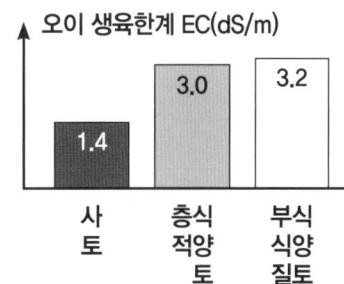

점토가 적은 토양은 담수와 녹비작물에 의한 제염이 쉬운 편이며

담수, 녹비작물 이용 염류 제거 효율

점토가 많을수록 피해는 적게 나타나지만 염류 제거도 어렵습니다.

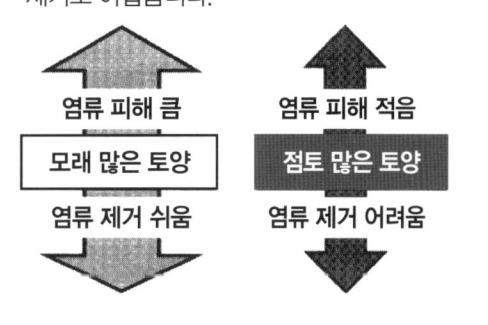

토양에 따라 염류 피해와 제거효과가 다르네요?

예, 그렇습니다. 점토가 많으면 EC가 높을 때도 피해가 적게 나타나는 장점이 있지만 염류농도가 높아지면 제거가 아주 어렵습니다. 그래서 토성에 따라 비료사용, 염류제거 방법을 다르게 해야 하며, 객토할 때도 토성을 참고해야 합니다.

염류집적에 퇴비를 조심해야 하는 이유

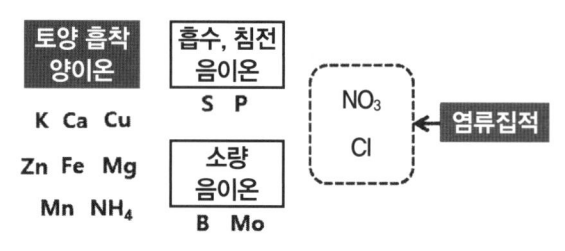

어떤 비료가 질산과 염소를 토양에 집적시키는지를 살펴보는 것이 중요합니다.

무기질비료는 2005년까지는 연간 2백만 톤 내외 사용했지만

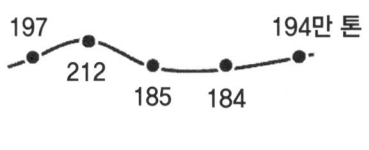

그 이후에는 1백만 톤 내외로 줄어들었고

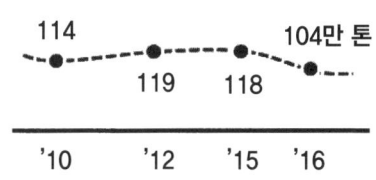

반면에 부산물비료는 1991년도에는 13만 톤에 불과했지만 정부 지원 정책에 따라 지금은 40배 가까이 늘어 5백만 톤 내외를 사용하는데

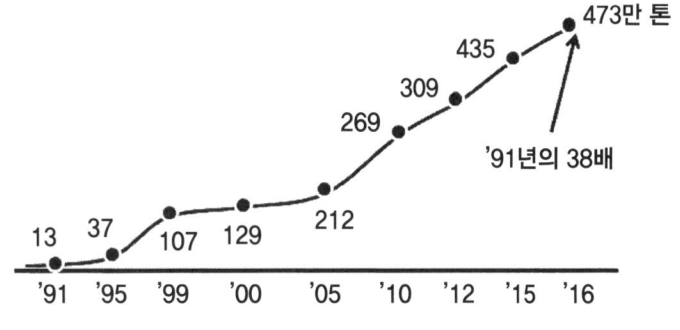

퇴비는 가축분의 단백질이 부숙기간 동안 질산으로 변하며 소량이지만,

가축 오줌에는 염분인 나트륨과 염소가 많기 때문에 과다시비를 주의해야 합니다.

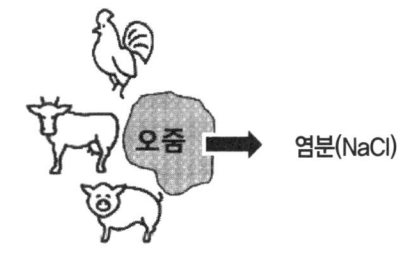

염류집적을 줄이려면 무엇을 주의해야 할지 알겠네요.

다행입니다. 무기질비료를 많이 사용할 때의 염류집적은 무기질비료가 원인을 제공했지만 퇴비를 많이 사용하는 지금의 염류집적은 퇴비의 원인이 큽니다. 과다시비하지 않도록 주의하세요.

녹비작물의 하우스 토양 제염 효과

여러 번 얘기하지만, 하우스 토양 염류의 주범은 질산(NO_3)과 염소(Cl)로 물에 녹아 있는 성분으로

 염류
- 질산(NO_3^-)
- 염소(Cl^-)

토양에 흡착되지 않고 용해성으로 존재

모두 음전기를 갖고 있어서 토양에 따라 차이는 있지만 빗물에 잘 씻겨 내려가기도 하고

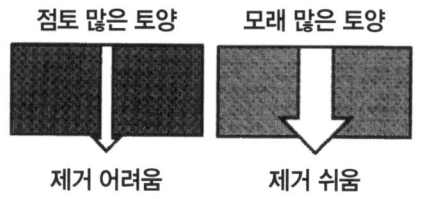

점토 많은 토양 → 제거 어려움
모래 많은 토양 → 제거 쉬움

염소는 흡수량이 적지만 질산은 녹비작물에도 매우 잘 흡수되어 제거됩니다.

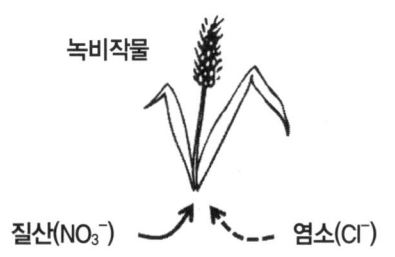

녹비작물
질산(NO_3^-) ← → 염소(Cl^-)

그게 녹비작물의 제염효과죠?

얼마나 효과가 있어요?

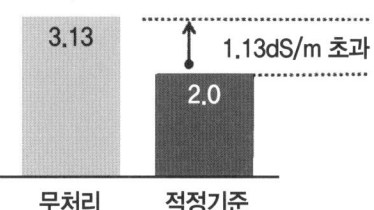

경남농업기술원의 연구결과를 인용하면 EC가 3.13dS/m인 하우스에 녹비작물을 실험했는데,

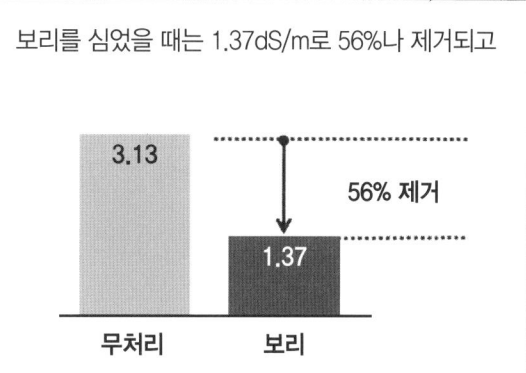

보리를 심었을 때는 1.37dS/m로 56%나 제거되고

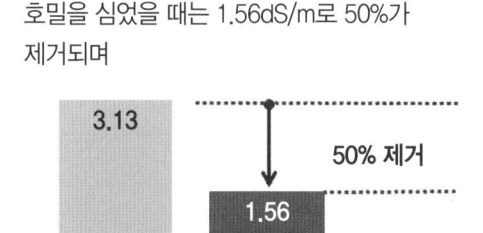

호밀을 심었을 때는 1.56dS/m로 50%가 제거되며

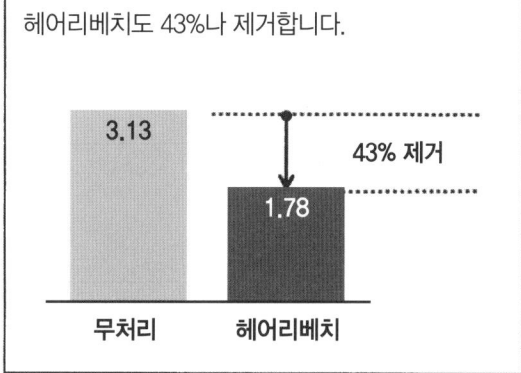

헤어리베치도 43%나 제거합니다.

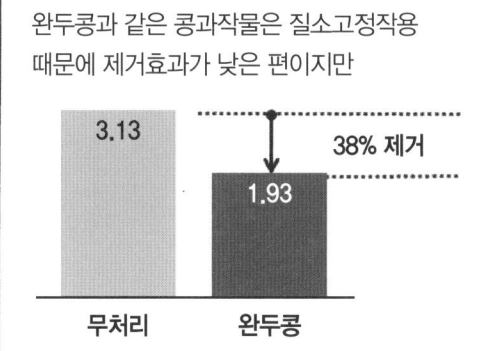

완두콩과 같은 콩과작물은 질소고정작용 때문에 제거효과가 낮은 편이지만

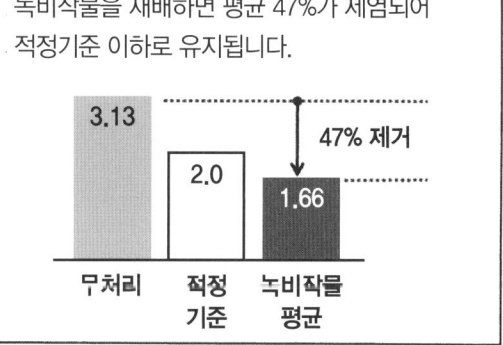

녹비작물을 재배하면 평균 47%가 제염되어 적정기준 이하로 유지됩니다.

생각보다 제염효과가 크네요?

예, 그렇습니다. 농업인들은 녹비작물을 재배할 때의 제염효과에 대해 의문이 들 수 있지만 실제 연구결과를 보면 효과가 매우 큽니다. 녹비작물을 재배할 때 하우스 개폐 여부, 토양, 녹비작물 제거 여부에 따라 차이는 있지만 꾸준히 재배하여 염류를 제거해보세요.

염류집적을 시키는 무기질비료와 아닌 비료의 차이는?

염류집적의 원인은 토양에 쌓이는 질산(NO_3)과 염소(Cl) 때문인데

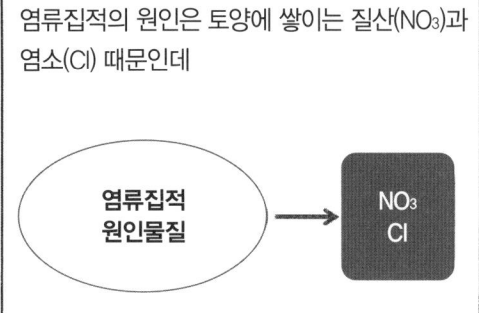

질소비료를 어떤 비료든 과다하게 주면 작물이 흡수하고 남은 질산이 토양에 쌓여서 염류집적을 일으키지만

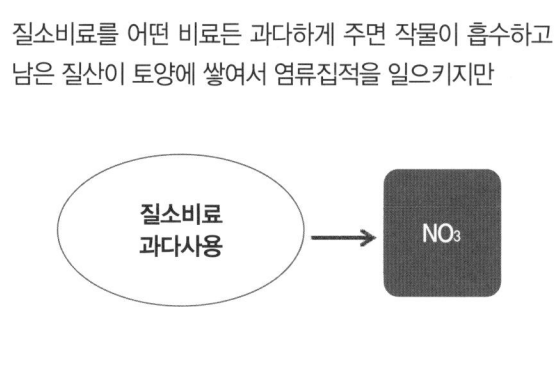

염소는 비료마다 함량이 다르기 때문에 비료 선택에 주의해야 합니다.

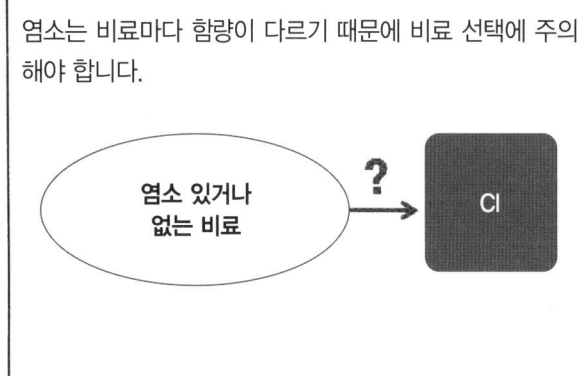

비료를 제조할 때는 우선 질소와 인산이 함유된 DAP(diammonium phosphate)를 만들고 	칼리비료를 혼합하여 2종복합비료를 제조하는데 
염화칼리를 혼합한 비료는 염소 때문에 염류농도를 높이는 비료에 속하고 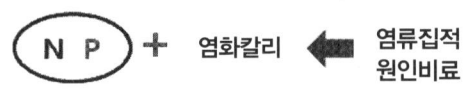	황산칼리를 혼합한 비료는 염소가 없는 비료이므로 염류집적과 무관합니다. 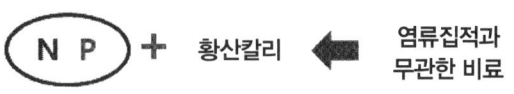

비료포대 전면의 칼륨함량에 숫자만 적혀 있는 것은 염화칼리, [ ]는 황산칼리+염화칼리, ( )로 표기한 것은 황산칼리로 제조한 복합비료입니다.

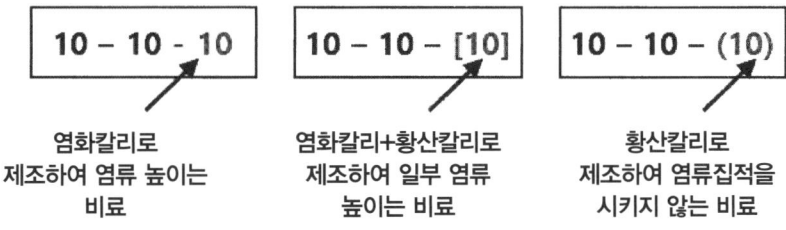

염화칼리로 제조하여 염류 높이는 비료 / 염화칼리+황산칼리로 제조하여 일부 염류 높이는 비료 / 황산칼리로 제조하여 염류집적을 시키지 않는 비료

아하, 칼리 함량 표시를 잘 보면 염류집적을 시키는 비료인지 아닌지 알 수 있겠네요?

예, 그렇습니다. 무기질비료는 시설재배 염류집적의 원인이 되는 염소가 들어 있는 비료와 없는 비료가 있습니다. 칼리 함량을 표기한 숫자에 숫자만 있는지, [ ]로 표기되었는지, ( )로 표기되었는지를 보면 한눈에 알 수 있습니다.

제10부 바닷물 이용

바닷물 이용 농법의 득과 실

바닷물의 농도는 퍼밀을 사용하며 물 1kg에 들어 있는 염분의 무게(g)로 나타내는데, 일반 바닷물은 약 35‰(퍼밀)로 퍼센트로 나타내면 3.5%에 해당하는데

$$35퍼밀(‰) = 3.5퍼센트(\%)$$

질량비로 물이 96.5%이고 다른 성분이 3.5%라는 뜻이며

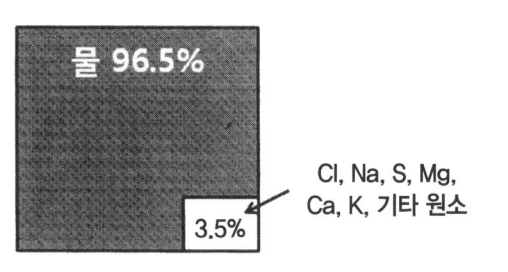

Cl, Na, S, Mg, Ca, K, 기타 원소

이 중에 염소, 나트륨 등이 85%가 넘고 다량 원소인 황, 마그네슘, 칼슘, 칼륨 등이 있습니다.

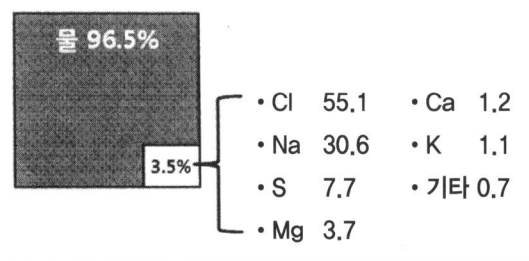

- Cl 55.1
- Na 30.6
- S   7.7
- Mg 3.7
- Ca 1.2
- K   1.1
- 기타 0.7

오호! 그래요? 좀 더 자세히 설명해주세요.

바닷물 1리터(1kg)에 들어 있는 양분은 아래와 같은데

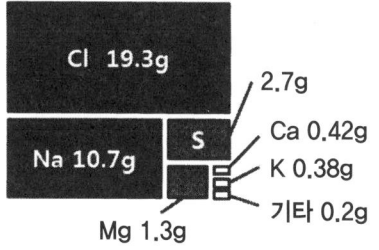

미량원소의 양은 mg 단위로 매우 적은 양이어서 작물 흡수효과가 미미하며

바닷물 1리터에 함유된 미량원소의 양(mg)	
• B: 4.5	• Fe: 55
• Si: 2.8	• Cu: 0.25
• P: 70	• Zn: 0.40
• Mn: 14	

전체적으로 바닷물에 녹아 있는 이온은 유리이온(free ion, 녹아 있는 이온) 상태여서 식물흡수가 쉽지만

- Cl: 100
- Na: 91
- S: 54
- Mg: 87
- Ca: 91
- K: 99
- 기타: 다양

염화나트륨 양이 85%가 넘기 때문에 농도가 높으면 득보다 실이 많으므로

- 높은 NaCl 농도
- 수분 탁수
- 기공·공변세포 피해
- 낙엽 현상

반드시 재배작물이 염에 대한 저항성이 큰지 작은지를 검토하여 사용해야 하며

염해에 저항성 큰 작물
• 마늘, 양파, 고구마, 감자 등

염해에 저항성 약한 작물
• 오이, 포도, 딸기, 보리, 밀 등

황, 고토, 칼슘 등의 다량원소 흡수효과가 있지만 염 피해도 뒤따라온다는 것을 명심해야 합니다.

- S, Mg, Ca, K, 극미량의 미량원소 공급 효과
- 염 피해

바닷물 농법은 득도 있지만 실도 조심해야 겠네요.

예, 그렇습니다. 유기농업을 하는 농가는 양분공급의 어려움 때문에 바닷물을 이용하기도 하지만 염 피해가 반드시 뒤따른다는 것을 명심해야 하고, 관행농업 농가는 비료로 충분히 양분을 공급할 수 있으므로 바닷물 사용을 피하는 것이 좋습니다.

바닷물과 요소 엽면시비 희석의 닮은 점

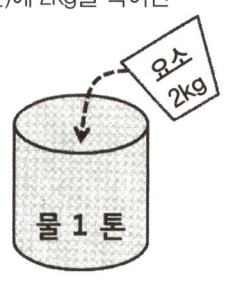
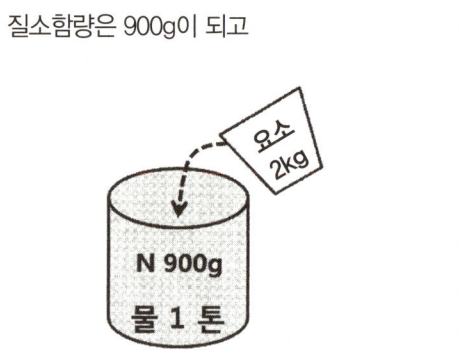

한편, 바닷물은 3.5%가 무기염류(광물질)인데

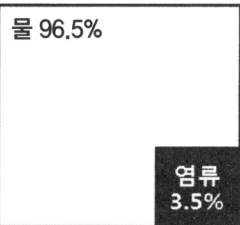

바닷물 50말(1톤)에는 무기염류 35g이 들어 있고 전체 농도는 35,000ppm에 해당됩니다.

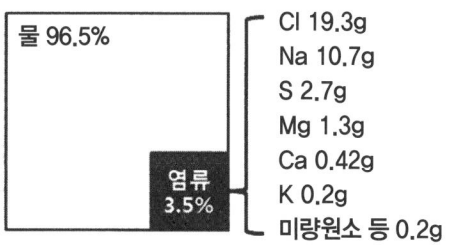

따라서 바닷물을 10배 희석하면 3,500ppm이 되며

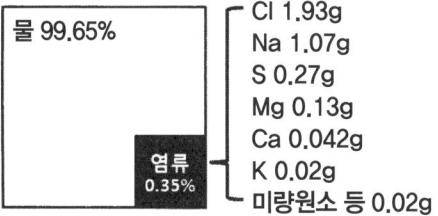

35배 희석하면 1,000ppm, 50배 희석하면 700ppm이 됩니다.

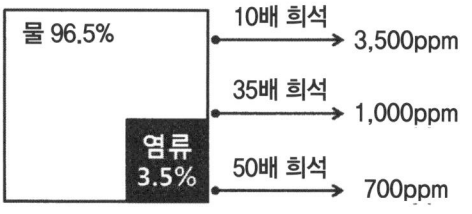

즉, 50말에 요소 2kg을 넣는 것과 바닷물을 35배 희석하는 것은 비슷한 무기염류 농도가 되며

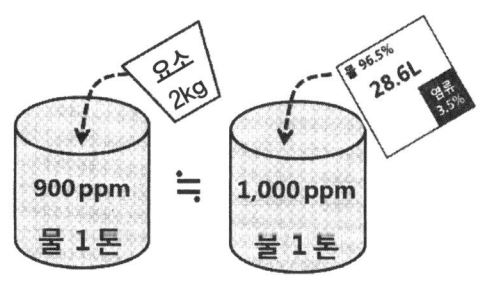

기공을 여닫는 공변세포도 비슷한 농도를 느낍니다.

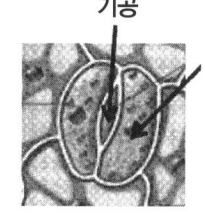

공변세포는 요소 2kg과 바닷물 35배 희석한 것을 비슷하게 느낌

아하, 엽면시비할 때는 농도가 높지 않도록 주의해야겠네요?

예, 그렇습니다.
요소농도가 높을 때 낙엽이 지듯이 바닷물 희석배수가 30배보다 진하면 공변세포가 피해를 입어 낙엽이 발생할 수 있습니다. 특히, 바닷물은 미량원소 효과가 아니라 S, Mg, Ca, K 효과이므로 농도를 높게 할 필요가 없습니다.

제11부 유기농자재

비료와 유기농자재의 차이

- 유기농자재도 비료효과가 큰가?
- 광고하는 것을 보면 큰 것 같은데.
- 기존 비료와는 어떤 차이가 있지?
- 유기농에 사용할 수 있잖아?

- 유기농에 사용해도 비료효과는 있어야잖아?
- 도대체 비료와 유기농자재의 차이가 뭐지?
- 어느 것이 더 작물에 좋은 거야?
- 비료와 유기농자재가 겹치는 것도 있잖아?
- 하나하나 따져보면 될 것 같은데?
- 비료와 유기농자재의 차이를 알아보세~~

작물생육, 토양개량 목적으로 사용하는 농자재는 크게 비료와 유기농자재가 있는데

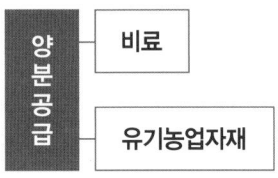

비료는 효과, 유기농자재는 천연물질을 중시하며, 유기농자재는 공시와 품질인증으로 나뉩니다.

- 비료: 화학적 반응 제조, 효과 중시
- 유기농업자재: 천연물질 원료, 효과보다 환경, 안전성 중시 — 공시 / 품질인증

비료제품은 비료 400여 개, 유기농자재 공시 1,400여 개, 품질인증 20여 개가 있습니다.

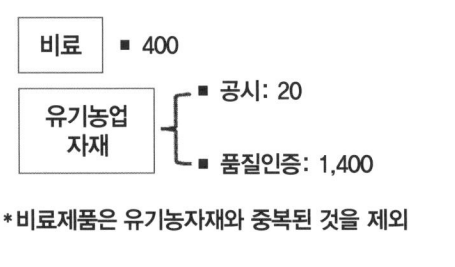

*비료제품은 유기농자재와 중복된 것을 제외

- 아, 그렇군요?
- 어떤 차이가 있죠?

비료는 비료관리법, 유기농자재는 친환경농업 육성법으로 관리하는데,

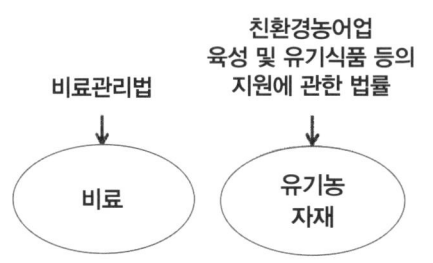

유기질비료, 퇴비, 미생물비료, 규산질비료 등은 비료와 유기농자재 인증을 동시에 받을 수 있으며

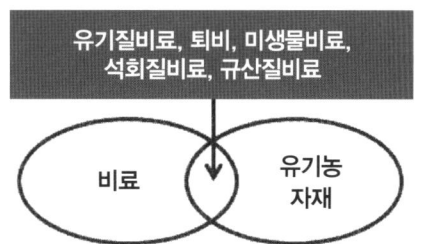

반드시 비료등록 후에 유기농자재 인증을 받기 때문에 일반 비료에 비해 품질이 나으며,

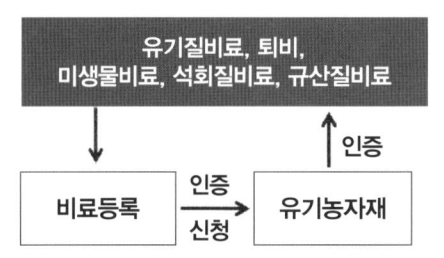

광물질비료, 목초액, 키토산, 식물·해조추출물 등은 비료로는 등록시키지 못하고 유기농자재로만 인증을 받습니다.

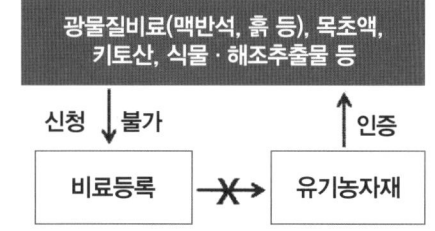

특히 맥반석, 천매암, 흙이 원료인 유기농자재는 물에 녹지 않기 때문에

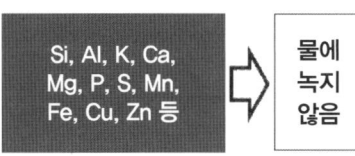

양분공급을 통한 작물생육에는 도움이 되지 않으며, 단지 토양 물리성을 개량하는 효과만 있습니다.

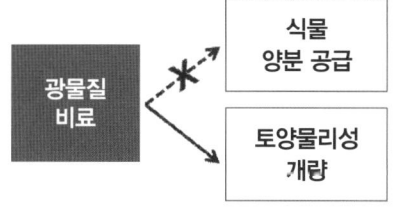

자재에 따라 비료와 유기농자재의 차이가 있네요?

예, 비료이면서 유기농자재인 자재는 양분을 공급하는 비료효과와 안전성이 인증된 것이지만 비료 등록 없이 유기농자재로만 공시된 제품은 작물생육 효과보다는 안전성이 목적입니다. 그래서 유기농자재 공시제품은 '효과를 인증하지 않음'이라는 단서가 붙어 있습니다.

유기농을 시작할 때 유의할 점

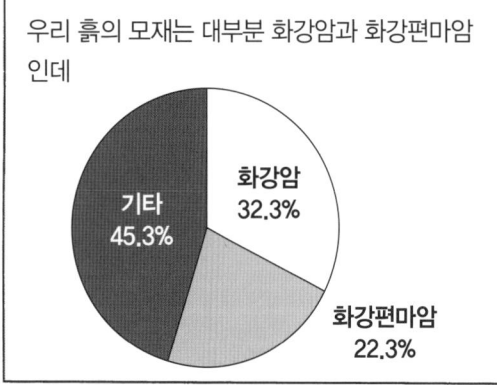
우리 흙의 모재는 대부분 화강암과 화강편마암인데

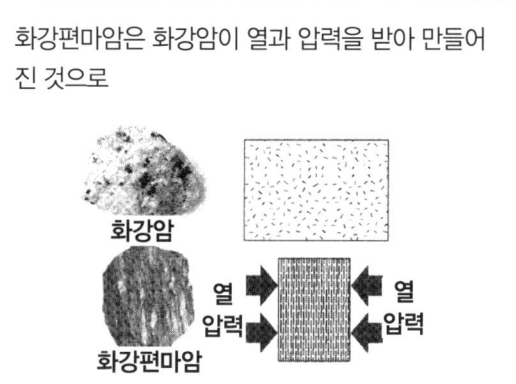
화강편마암은 화강암이 열과 압력을 받아 만들어진 것으로

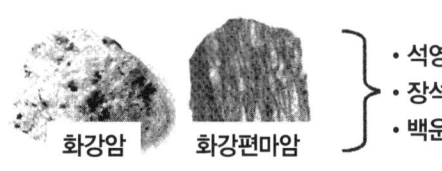
두 암석 모두 석영, 장석, 운모류 광물이 주성분이며, 규소, 알루미늄, 칼륨은 많지만 다른 양분은 매우 적은 암석입니다.

감람석, 휘석, 각섬석 등으로 이루어진 모재는 Ca, Mg, Fe 등이 많아 기름진 토양을 만들지만

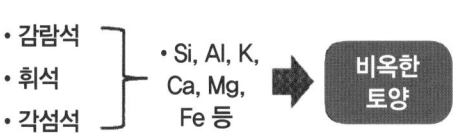

석영, 장석, 운모류로 이루어진 모재는 Si, Al만 많고

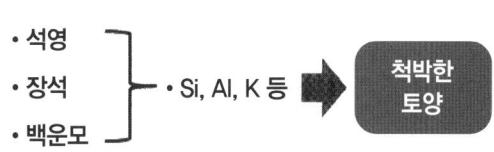

Ca, Mg 등이 적고 이동성이 낮아 사과, 토마토 등의 과일에는 수확기에 칼슘제를 살포해야 하며

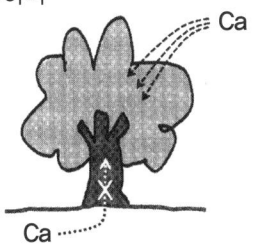

화강암에 72%나 되는 규소는 물에 녹지 않아 규산질비료가 필요하고

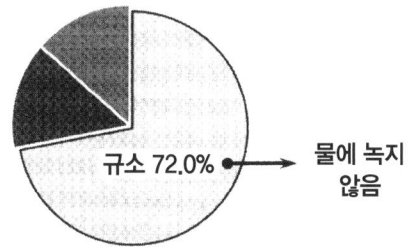

14%가 넘는 알루미늄(Al)은 물과 반응하여 수소(H)를 만들어내며 산성토양을 만들고

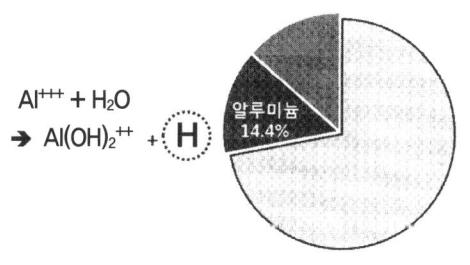

양분보유의 척도인 양이온교환용량(CEC)도 다른 토양에 비해 매우 낮아 쉽게 양분이 결핍되고 과잉현상이 나타납니다.

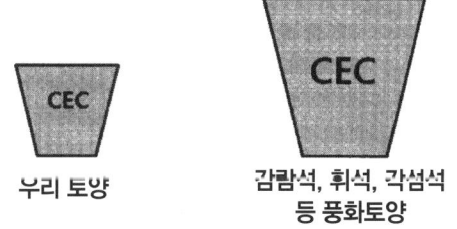

유기농을 하려면 양분 관리에 신경을 써야겠네요.

예, 그렇습니다. 유기농을 시작했다가 3~4년 후에 포기하는 분들이 많은데 우리 토양이 척박하기 때문입니다. 그래서 유기농을 시작할 때는 '흙토람'에서 토양검정결과와 토지등급을 검토하고 어떤 비료를 사용할 지에 대해 먼저 계획을 세우고 시작해야 합니다.

유기농 복합비료 제조하기

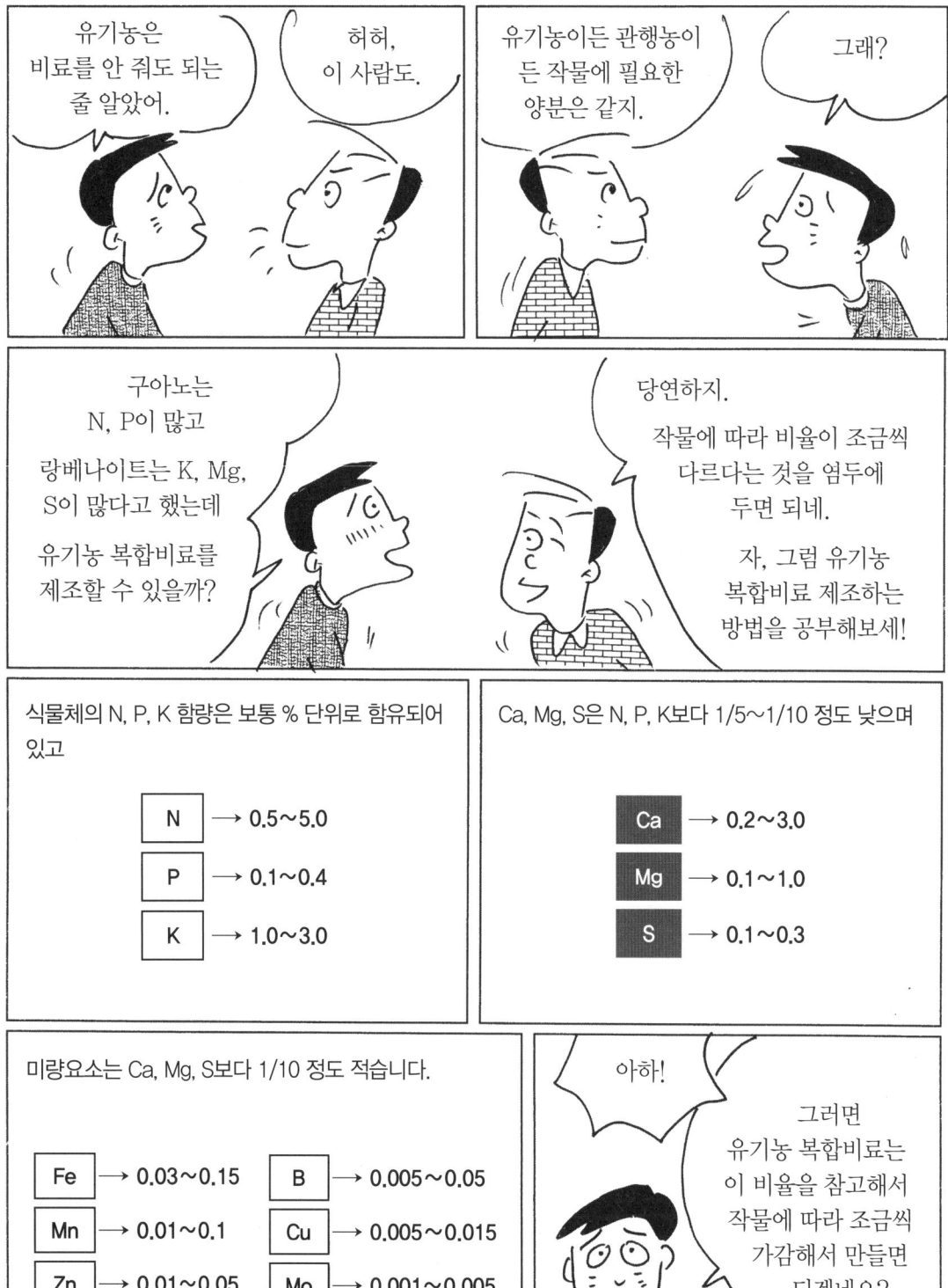

구아노에는 N, P이 10~15%, K이 조금 들어 있고

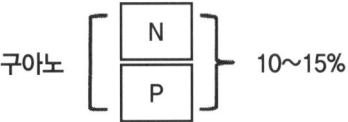

랑베나이트(설포마그, 유황칼리고토)에는 K, Mg, S이 약 20%씩 들어 있으므로

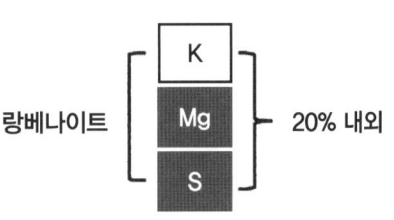

구아노와 랑베나이트를 1:1/5~1/10의 비율로 혼합하면 N, P, K, Mg, S이 골고루 함유되고

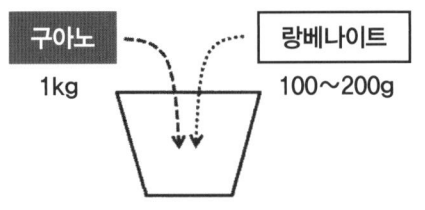

엽면시비용 Ca은 달걀 껍데기, 패화석과 현미식초를 이용해 제조하고

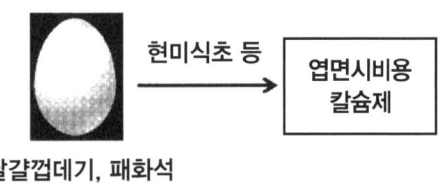

붕사로 붕소비료를 제조하면

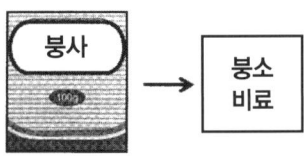

관행농에서 사용하는 원예용 복합비료처럼 작물에 필요한 양분이 골고루 들어 있는 유기농 복합비료를 제조할 수 있습니다.

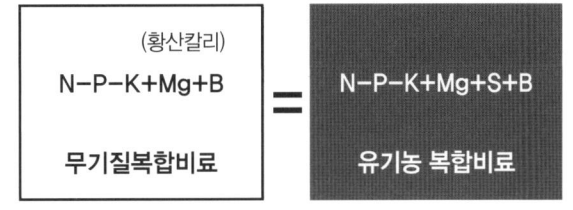

이런 유기농 복합비료를 몰라서 우리나라 유기농이 지지부진한 걸까요?

그럴 수도 있습니다.
유기농 선진국은 관행농의 무기질 비료처럼 양분을 골고루 공급할 수 있도록 구아노와 랑베나이트를 많이 사용합니다.
그러나 우리나라 유기농은 양분 공급보다는 특이한 자재를 선호하기 때문에 작물이 원하는 만큼 자라지 못할 수밖에 없습니다.

구아노와 랑베나이트로 만드는 유기농 복합비료

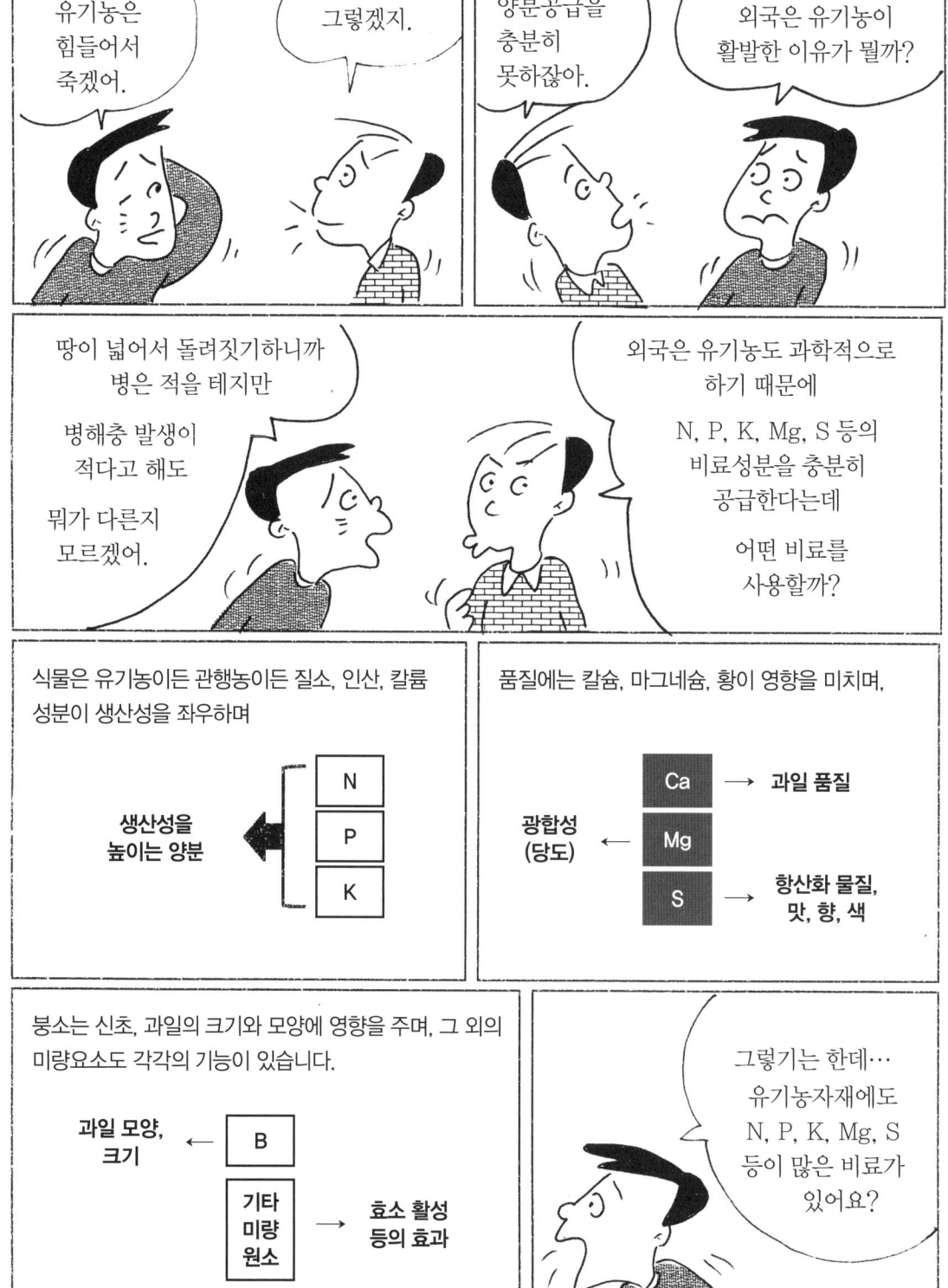

유기농에 사용하는 구아노는 남미 해변의 바닷새 배설물, 사체가 퇴적된 것인데 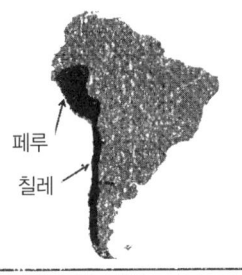	질소, 인산이 각각 10~15% 함유되어 있고 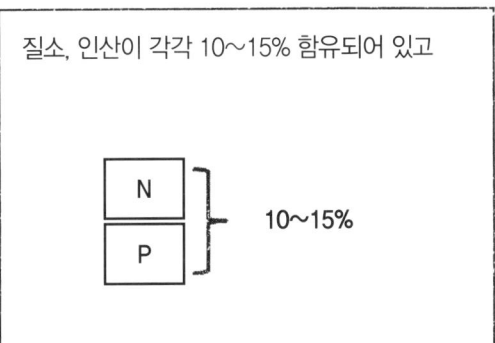
랑베나이트는 수백만 년 전 고립된 호수의 물이 증발하면서 만들어진 수용성 칼륨, 마그네슘, 황이 많은 암염으로 	각각 20% 내외가 함유되어 있으며, 토양을 산성화시키지도 않습니다. 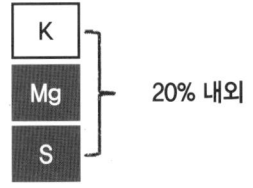
그래서 구아노와 랑베나이트로 무기질비료처럼 훌륭한 유기농 복합비료를 제조할 수 있고 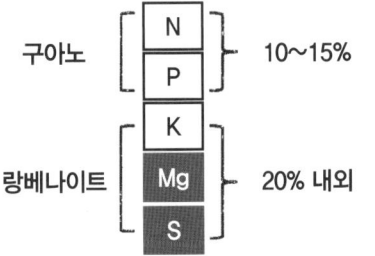	붕소는 붕사로, 칼슘은 달걀 껍데기 등의 탄산칼슘을 이용하여 공급합니다. 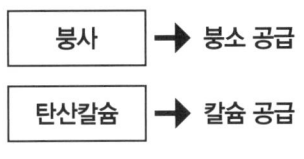
아니, 그러면 유기농도 관행농 못지 않은 생산량과 품질을 얻을 수 있겠네요? 	당연합니다. 제 개인적으로는 식물양분 기능을 잘 이해하지 못하여 N, P, K, Ca, Mg, S, B 등의 양분 공급보다 특이한 유기농업자재에만 기대는 비과학적인 재배방법이 유기농을 힘들게 만든 것이라고 생각합니다. 

제12부 미생물비료

원리를 알면 쉬운 미생물 발효 액비

자네 토착미생물 발효방법 아나?

응, 알지.

사람마다 방법이 다 달라.

복잡하게 보이지만 원리는 간단해.

원리가 간단하다고?

산야초액비, 생선액비, 토착미생물 등등 모두 만드는 방법이 다르던데?

어허, 미생물이 어떤 양분을 좋아하는지, 탄질비 의무가 뭔지만 알면 쉽다네.

사람마다 다르게 만드는 이유도 알 수 있고.

모든 미생물은 탄소(C)를 에너지로, 질소(N)를 영양분으로 섭취해서

- 탄소(C): 당밀, 설탕
- 질소(N): 재료

살아가면서 점점 증식하여 숫자가 많아지는데

탄소와 질소의 균형, 미생물이 잘 자라는 온도를 유지시켜야 원하는 발효가 일어납니다.

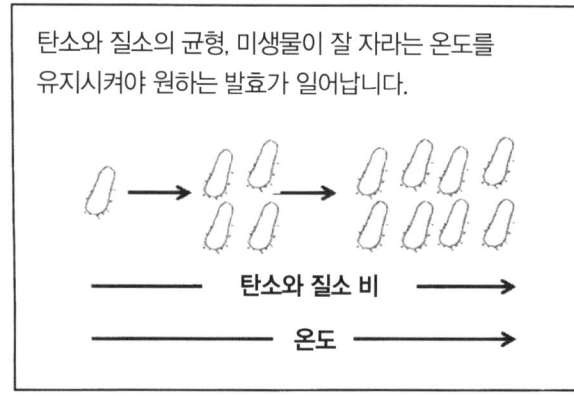

탄소와 질소 비 →
온도 →

그래요?

어떻게 균형을 맞추어요?

주변에서 구할 수 있는 생선, 생선부산물, 골분, 쑥, 미나리, 칡넝쿨 등을 고무통에 넣고 재료의 질소함량에 따라 당밀과 설탕으로 탄소비율을 맞춘 후 미생물제제를 넣어 햇빛이 들지 않는 서늘한 곳에 두면 발효가 시작되는데

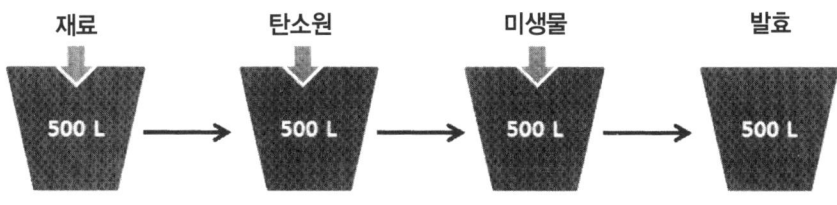

생선 부산물 같은 동물성 재료는 식물성 재료에 비해 질소 등의 양분이 많아서

식물양분

동물성 재료 > 식물성 재료

당밀, 설탕과 같은 탄소원은 동물성 재료에는 재료의 1/2 정도, 식물성 재료에는 1/3 정도 넣고

당밀, 설탕 넣는 양

미생물은 EM과 같은 미생물제제 또는 부엽토 밑의 미생물이 많은 흙을 넣고

직사광선을 피해 서늘한 곳에서 동물성 발효액비는 3~6개월 이상, 식물성 발효액비는 1개월 정도면 발효가 됩니다.

- 동물성 재료: 양분 많아 장기간 발효
- 식물성 재료: 양분 적어 단기간 발효

아, 재료에 따라 응용하면 잘되겠네요?

그렇습니다. 미생물 발효액비는 재료와 온도에 따라 발효기간과 사용할 때 희석배수가 다릅니다. 젓갈과 김치가 만드는 방법에 따라 맛이 다른 것과 같은 원리로 재료에 따라 탄소와 질소비를 잘 맞추는 것이 원칙입니다. 앞으로 생선액비, 산야초액비 등에 대해 설명해드리지요.

농업기술센터 미생물의 효과가 큰 사용방법은?

- 농업기술센터 미생물이 좋은 걸 새삼 느꼈네.
- 무료로 준다고 무시하지 말게.
- 토양에 그냥 뿌리면 좋을까?
- 토양에?

- 으응, 센터 미생물을 어떻게 사용하는 것이 좋은지 항상 궁금하더라고.
- 센터 미생물의 특성을 보면 길이 보이지. 어떤 용도로 사용할지도 생각하게 되고 잘만 사용하면 보배야.

모든 미생물은 탄소(C)를 에너지로, 질소(N)를 영양분으로 섭취해서

먹이 기준 ─┬─ 종속영양미생물
           └─ 독립영양미생물

종속영양미생물은 먹이로 유기물을 섭취하여 대사산물을 내놓고

유기물 → 종속영양미생물 → 대사산물

독립영양미생물은 유기물이 없어도 무기양분, 광을 먹이로 대사산물을 내놓습니다.

무기물 → 독립영양미생물 → 대사산물

- 그래요?
- 농업기술센터 미생물은 어떤 미생물에 속해요?

고초균, 유산균, 효모균은 유기물 분해 능력이 뛰어난 종속영양미생물이며,

독립영양미생물인 광합성균은 생장, 대사산물 생성 정도가 핑크색으로 나타나 눈으로 쉽게 판별할 수 있는데

유기질비료, 퇴비를 준 후에 뿌려주면 발효가 잘 일어나고 효과가 크며

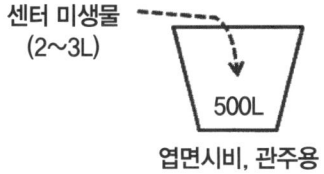

발효시키려는 유기물이 함유된 재료에 첨가하면 발효가 잘 일어나며

엽면시비나 관주할 때 25말당 2~3리터를 혼합해서 사용하면 대사산물 덕분에 흡수가 좋아지는데

토양에 직접 살포하는 것은 토양 미생물과의 경쟁 때문에 효과가 낮아집니다.

오호~ 효과가 큰 방법을 이용해야 되겠네요.

예, 그렇습니다.
센터 미생물은 시중에 판매하는 어떤 미생물비료보다 우수합니다.
센터 미생물의 장점을 잘 판단하여 사용해야 원하는 효과를 볼 수 있습니다.
농업기술센터를 응원해주세요.

농업기술센터 미생물이 좋은 이유

요즘 센터에서 미생물비료를 주잖아.

그렇지, 나는 아주 요긴하게 사용해.

좋기는 좋아?

그걸 말이라고 하는가?

시중에 파는 것보다 좋을까? 공짜는 뭔가 효과가 없을 것 같더라고. 좋은 이유를 설명해주게나.

허, 이 사람 참. 미생물의 원리를 잘 생각해보게나. 시중에서 판매하는 미생물비료보다 왜 좋은지를 알 수 있을 걸세.

미생물 효과는 크게 미생물 자체의 효과와 미생물이 분비하는 대사산물의 효과로 나눌 수 있는데

| 미생물 효과 | = 미생물 + 대사산물 |

미생물과 대사산물은 토양과 작물 뿌리의 관계를 좋게 하여

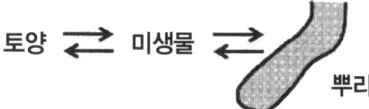

미생물 숫자와 대사산물 양이 많을수록 효과가 커집니다.

당연하죠!

미생물 수와 양이 많으면 효과가 큰데 센터 미생물이 왜 좋아요?

미생물 수는 배양기간 동안 최대 10^8/mL(1억마리)로 증가했다가

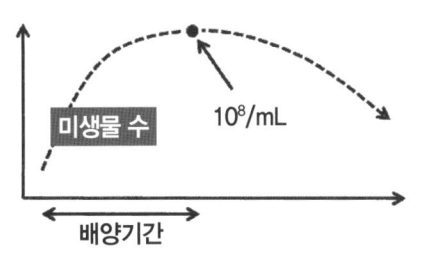

유통기간이 길어질수록 미생물 수는 계속 줄어들기 때문에

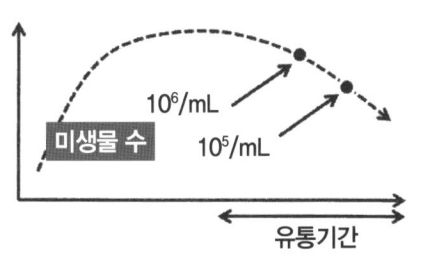

상온에서 시중에 유통되는 미생물은 숫자가 줄어들 수밖에 없지만

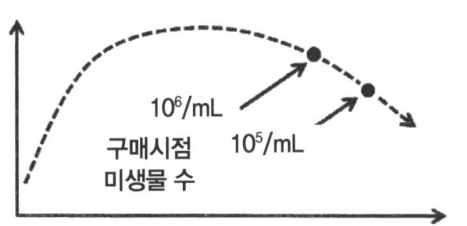

센터 미생물은 배양 최정점에 있을 때 냉장 보관하여 공급하기 때문에 미생물 수가 많으며

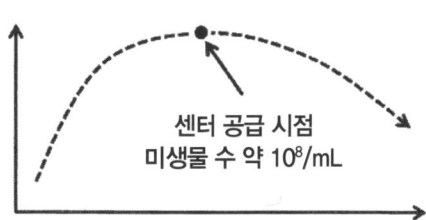

고초균(Bacillus subtilis), 효모균(Saccaharomyces sp.), 유산균(Lactobacillus sp.), 광합성세균(Rhodopseudomonas sp.) 등은 모두 시중에서 유통되는 미생물 중에서 가장 우수한 미생물이기 때문입니다.

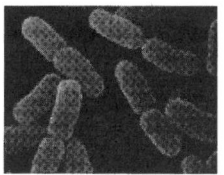
고초균

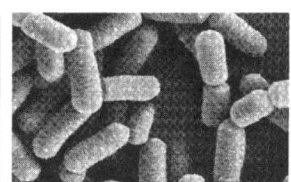
효모균   유산균

농업기술센터 미생물의 장점이 아주 많군요.

예, 그렇습니다.
센터 미생물은 좋은 미생물을 선발하여 배양하자마자 공급하거나 냉장고에 보관했다가 공급하기 때문에 싱싱합니다. 엽면시비할 때, 발효·부숙시킬 때, 퇴비차를 제조할 때 혼합하면 좋은 효과를 볼 수 있습니다.

발효 미생물에는 어떤 것들이 있을까?

지난번에는 발효를 공부했잖아?

그래, 미생물 발효의 원리를 공부했지.

미생물 발효의 기본은 미생물이잖아?

그러~엄, 미생물 지식이 우선이지.

아무 미생물이나 효과가 있는 걸까?

혐기성이니, 호기성이니, EM이니, 미생물을 만병통치약처럼 얘기하는데 진짜일까?

미생물 이름을 이탤릭체로 쓰고 어렵기는 하지만

작물에 유리한 미생물이 어떤 것이 있는지를 알아보는 것이 중요하지.

지난번에 설명한 것처럼 모든 미생물은 탄소(C)를 에너지로, 질소(N)를 영양분으로 섭취해서 분비물을 내놓는데

탄소(C) → 🦠 ➡ 분비물
질소(N) ↗

분비물에는 작물이 쉽게 흡수할 수 있는 양분, 아미노산, 항생물질 등이 함유되어 있는데

🦠 ➡ 분비물 ┬ 아미노산
              ├ 항생물질
              ├ 수용성 양분
              └ 호르몬 등

어떤 미생물이냐에 따라 분비물에 함유된 성분이 달라집니다.

분비물 ┬ 아미노산
        ├ 항생물질   ➡ 함량 차이
        ├ 수용성 양분
        └ 호르몬 등

오호?

미생물에 대해 잘 알아야 하겠는데요?

2011년 11월, 비료공정규격에 미생물 비료에 사용할 수 있는 16개 속 47개 종의 미생물을 규정했는데

비료에 사용할 수 있는 미생물 → 16속 47종

미생물의 이름은 속과 종명으로 나타내며 이탤릭체로 쓰는데, 사진을 보면서 설명하면

Aspergillus — 속명
niger — 종명

유기산 발효에 사용하는
Aspergillus niger

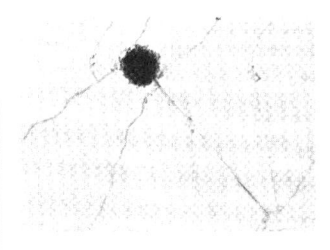

우유를 발효시키는
Lactobacillus bulgaricus

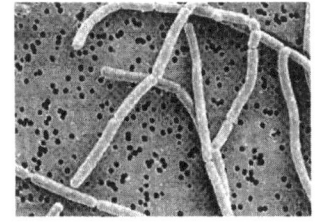

항생물질을 분비하는
Bacillus brevis

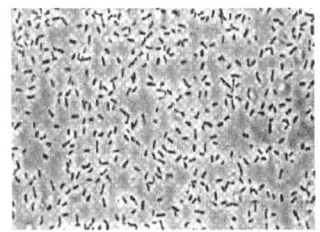

대표적인 효모균인
Saccharomyces cerevisiae

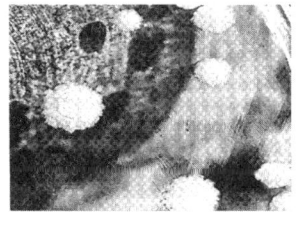

항생물질인 스트렙토마이신을 만들어내는
Streptomyces griseus

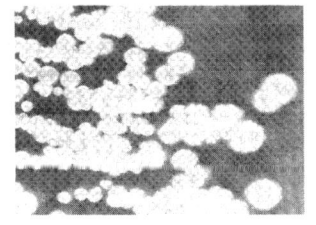

누룩을 만들 때 사용하는
Rhizopus oryzae 등이 있습니다.

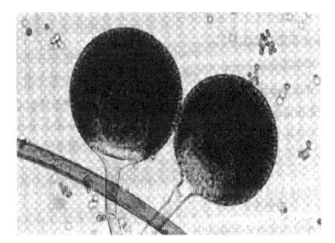

미생물 발효에는 다양한 균들이 복합적으로 이용되겠네요?

그렇습니다. 미생물 발효에는 여러 균들이 복합적으로 작용하는데, 원료에 따라 탄소원료인 당밀과 설탕을 적당하게 혼합하고 서늘한 곳에 두면 자연적으로 이런 균들이 작용을 하여 작물생육에 도움을 주거나 병의 발생도 억제시켜줍니다.

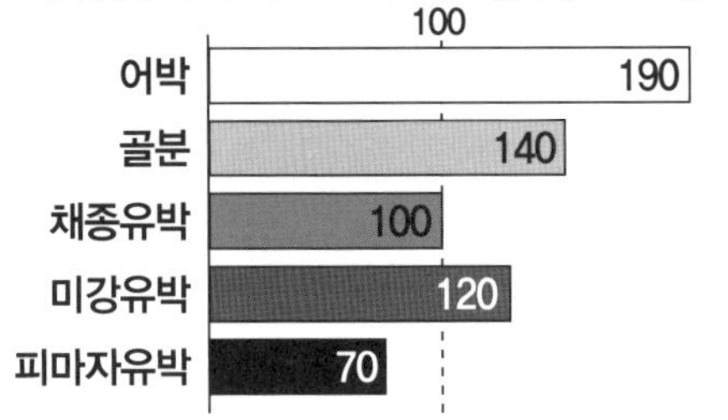

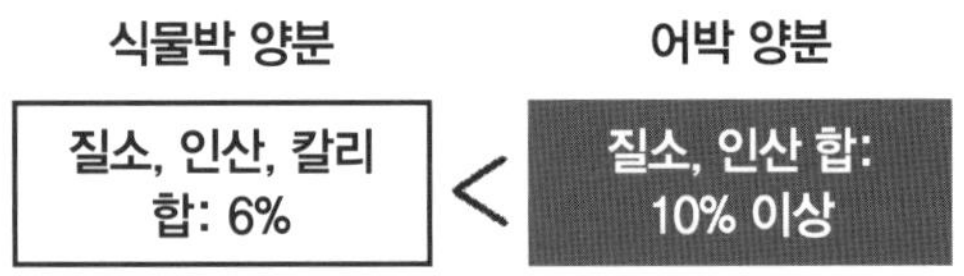

실제로 고등어의 단백질은 돼지고기에 비해 2배 이상 많기 때문에 발효과정에서 식물 흡수가 쉬운 아미노산 함량이 많아지는데

고등어 단백질	돼지고기 단백질
약 11,000 mg/100g	약 5,000 mg/100g

50말 통(1톤)에 생선, 폐사어 또는 생선부산물 200kg과

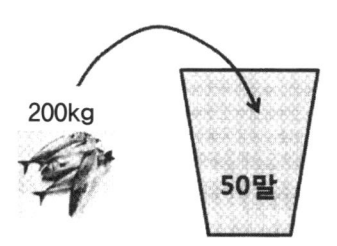

탄소원으로 당밀 2말(약 50kg)과

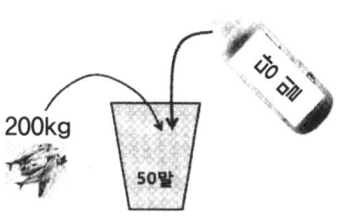

미생물제제(지난번에 소개한 유용 미생물이 함유된 것) 약 5L를 차곡차곡 넣고

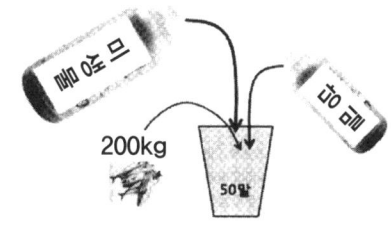

직사광선을 피하고 서늘한 곳에서 악취가 나지 않을 때까지 6개월 이상 발효시킨 후에 기름을 제거하여 아래와 같이 희석하여 사용하며

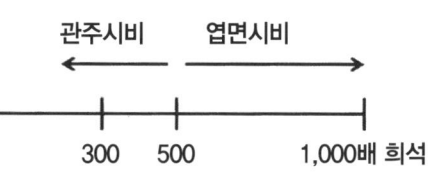

발효과정에서 부패를 막기 위해 소금 또는 바닷물을 첨가하기도 하고 조금씩 변형시켜 만듭니다.

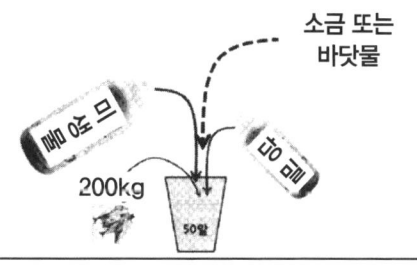

액젓을 만드는 원리를 응용해서 만들면 되겠네요?

그렇습니다. 생선 부산물을 이용한 미생물 발효는 다른 미생물 발효에 비해 효과가 좋은 편입니다. 반면에 직사광선을 쪼이거나 온도가 올라가면 부패되기 때문에 서서히 액젓을 만든다는 개념으로 발효시키면 잘 만들 수 있습니다.

1석 2조 불가사리 발효 액비

바닷물에는 칼슘함량이 높아서

농도(g/kg)	중량비(%)
0.41	1.17

바다에 사는 조개, 성게, 불가사리에도 칼슘함량이 많은데,

그중에서 불가사리는 껍질은 칼슘을 갖고 있고 내부는 단백질이 있어서 발효시키기에 좋은 조건입니다.

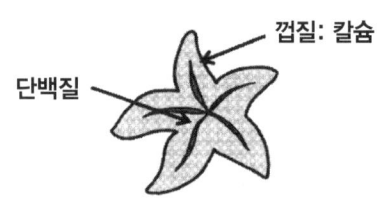

25말(500리터) 용기에 불가사리 250~350kg을 넣고

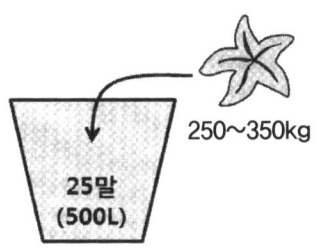

탄질비를 맞추기 위해 탄소원으로 당밀 20리터를 넣은 다음

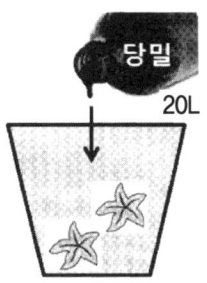

시중에서 구할 수 있는 EM 원균 약 20리터와 물 100리터를 넣어 잘 섞은 후에

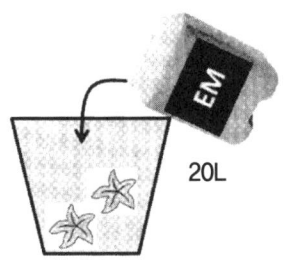

뚜껑을 닫고 직사광선을 피해 서늘한 곳에서 악취가 없어질 때까지 6개월 정도 발효시키면 불가사리에 있는 칼슘이 용해되어 나오는데

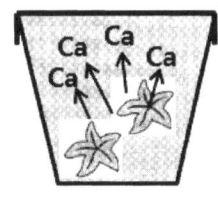

서늘한 곳에서 6개월 이상 발효

걸쭉하게 발효된 액을 체로 걸러서 토양관주는 200~300배로,

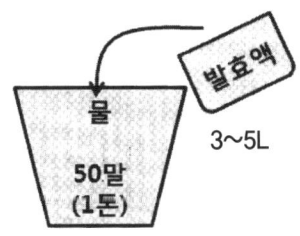

엽면시비는 500~1,000배로 희석하여 사용하면 좋습니다.

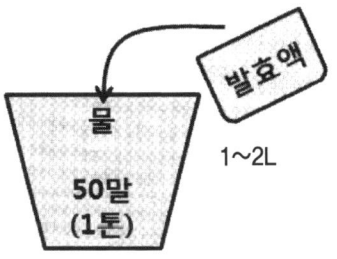

딸기, 사과, 고추 등 칼슘이 필요한 작물에 좋겠네요?

예, 그렇습니다. 칼슘은 용해도가 낮아서 작물의 흡수율이 낮은데, 발효과정에서 수용성으로 변하여 흡수율도 높아집니다. 특히 불가사리 내장에는 단백질이 있어서 발효가 잘 일어나 아미노산으로 변하기 때문에 작물양분도 함유되어 있습니다.

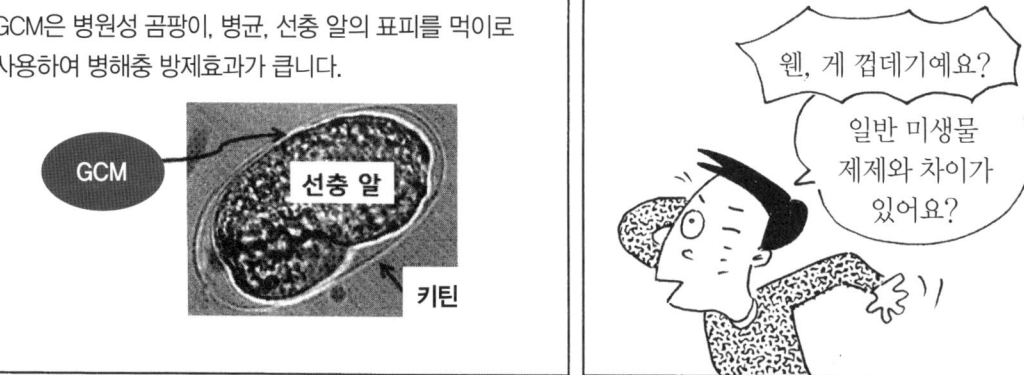

통기성과 보수성이 좋은 일본의 화산회토에서는 선충이 큰 문제여서 유기질비료 원료로 게 껍데기를 많이 사용해왔는데

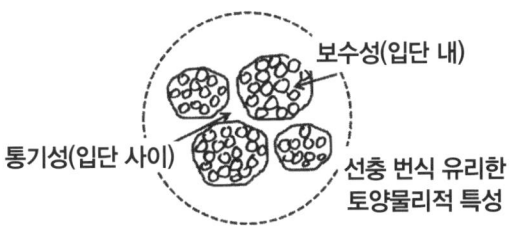

게 껍데기를 시비하여 토양에 키틴분해미생물이 많아지면 선충 알의 표피도 먹이로 이용하여 선충 밀도를 줄여왔으며,

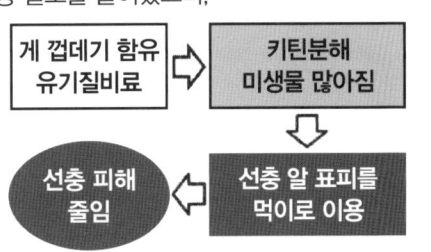

GCM은 이 원리를 더 발전시켜 젤라틴을 첨가하여 선충과 곰팡이병 방제 효과를 높이고 여러 GCM 생장성분이 함유된 배양재료를 첨가하여 농가에서도 잡균의 오염을 최소화시키며 1주일 내에 1,000배로 배양할 수 있는 뛰어난 미생물제제입니다.

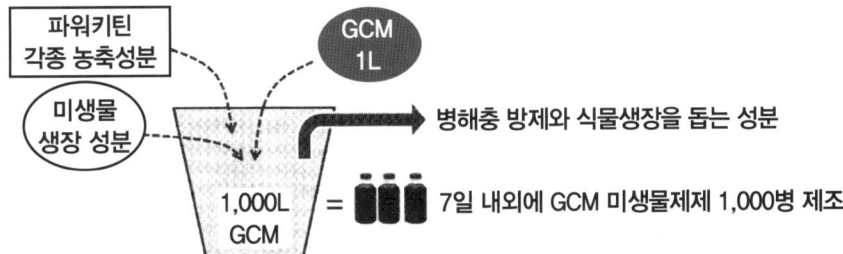

병으로 유통되는 일반 미생물제제는 보관방법, 제조기간에 따라 미생물 활성이 감소하지만

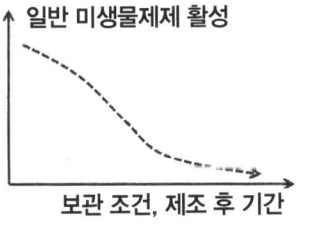

GCM은 농가가 자가배양하여 미생물 활성이 가장 높은 시기에 사용할 수 있기 때문에 효과가 큽니다.

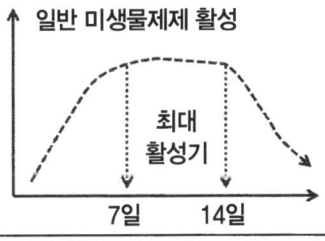

어떻게 만들어요? 돈은 많이 들어요?

GCM 농법은 관행농과 무농약 재배에 모두 사용할 수 있습니다. 이미 본격적으로 외국에 수출을 시작했으며, 경제적으로도 관행농에 비해 저렴하게 농사지을 수 있습니다. GCM 제조방법은 다음에 이어집니다.

〈대박농사〉의 GCM 효과는 숫자와 대사산물 덕분

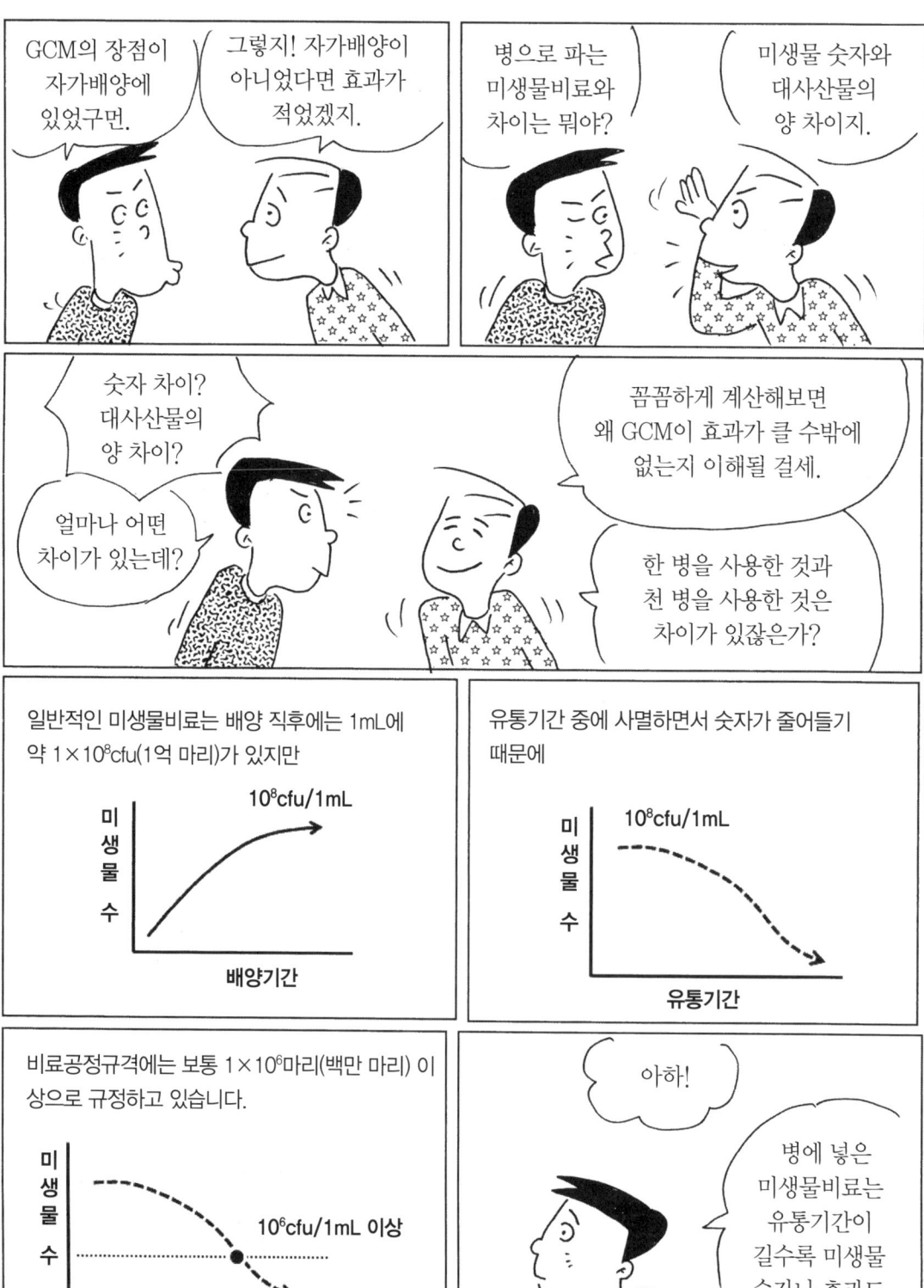

토양 1g에는 약 1×10^8마리의 미생물이 있는데

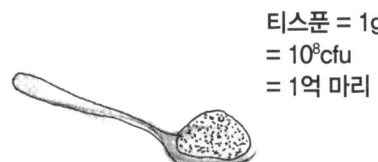

티스푼 = 1g
= 10^8cfu
= 1억 마리

농경지 10a(300평), 깊이 10cm의 토양무게는 약 100톤이며 미생물은 약 10^{16}마리가 있어서

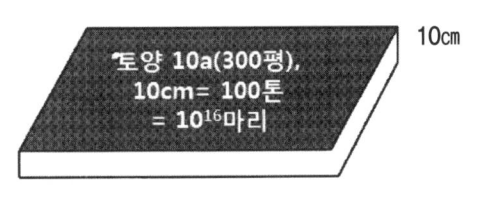

토양 10a(300평),
10cm= 100톤
= 10^{16}마리

10cm

미생물비료 1리터 한 병($1\times10^{9\sim10}$마리)을 넣어도

1리터 미생물= $10^{9\sim10}$cfu

300평, 10cm 미생물 숫자= 10^{16}마리

1마리가 1,000,000마리가 넘는 토양미생물과 경쟁해서 이겨야 하기 때문에 효과가 나기 어렵지만

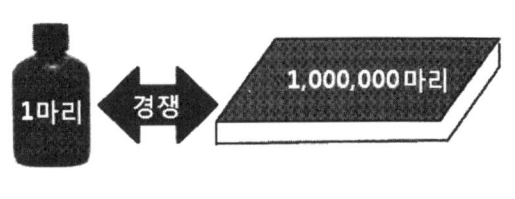

1마리 ↔ 경쟁 ↔ 1,000,000 마리

GCM은 1리터의 종균으로 1톤을 자가 배양하면서 미생물 숫자와 대사산물이 1,000배로 많아지기 때문에

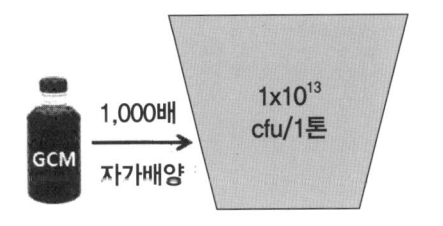

GCM 1,000배 자가배양 → 1×10^{13} cfu/1톤

1리터 병으로 사용하는 것보다 1,000배의 미생물과 대사산물 효과가 납니다.

	미생물비료 (1리터 병)	:	GCM (1톤)
미생물 숫자	1	:	1,000
대사산물의 양	1	:	1,000

결국 GCM 효과는 1,000배나 많은 미생물과 대사산물 덕분이네요?

그렇습니다. 병으로 판매하는 미생물비료를 구입할 때는 토양 미생물과의 경쟁을 염두에 두어야 합니다. GCM은 농업인이 자가배양하면서 미생물의 숫자와 대사산물이 1,000배로 많아짐에 따라 나타나는 효과입니다. 미생물비료는 항상 숫자와 대사산물의 양을 기준으로 생각해야 합니다.

〈대박농사〉의 GCM은 어떻게 배양할까?

GCM의 장점은 알았지만…
장점이 있으면 됐잖아?

직접 배양해야 한다는 게 마음에 걸리는데?
어허, 직접 배양 한다는 것이 장점일세.

왜, 배양이 쉬워? 잡균에 오염되면 어떻게 하지? 농업기술센터 등에서는 수억 원짜리 미생물 발효시설이 필요하던데?

하하, 잡균에 오염되지 않고 농업인이 배양할 수 있다는 것이 장점 중의 장점이지.
GCM은 1병 종균으로 일주일 만에 1,000병을 만들어 사용하는 미생물제제라네.

미생물 배지는 유용미생물이나 부패미생물이 모두 좋아하는 먹이이기 때문에

유용미생물 먹이 → 글루코스, 아미노산 등, N, P, K, Ca, Mg, S, 기타 미량원소 ← 부패균 먹이

잡균의 오염을 막기 위해 고압멸균기, 발효탱크 등이 필요하기에 농업인은 배양할 엄두도 내지 못하지만

고압멸균기 / 발효탱크

GCM은 젤라틴·키틴분해 미생물만 자랄 수 있는 배지를 사용하기 때문에 잡균의 오염을 최소화시키면서 농가에서 배양할 수 있습니다.

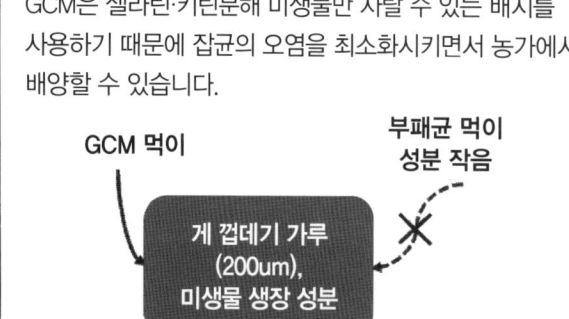
GCM 먹이 → 게 껍데기 가루 (200um), 미생물 생장 성분 ← 부패균 먹이 성분 작음 ✗

오호! GCM 배양은 미생물의 먹이 기질 특성을 이용한 것이군요?

GCM은 젤라틴, 키틴을 먹이로 사용하지만

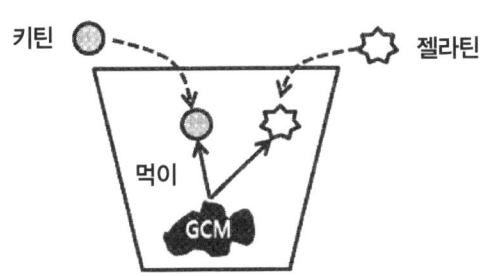

다른 잡균은 키틴과 젤라틴을 먹이로 사용하지 않는 원리를 이용한 것으로

키틴, 젤라틴 미생물인 GCM^+(Lysobacter antibioticus)와 GCM^+M(키틴, 젤라틴, 미생물 생장 성분)을 넣어 기포기로 공기를 불어넣으며

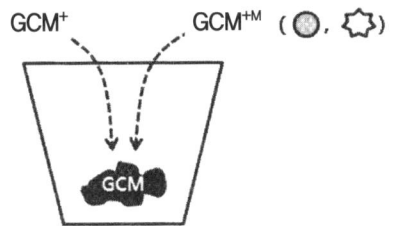

3~4일 배양하면 GCM이 우점 미생물로 증식하며

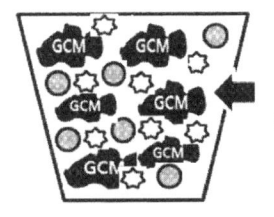

← GCM 우점 배양

GCM을 더 많이 배양하기 위해 영양원으로 21복비, 탄소원으로 설탕을 넣고

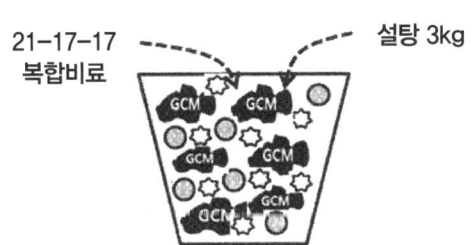

2~3일 더 배양하면 GCM이 $1 \times 10^{7~8}$개/mL로 증식하게 됩니다.

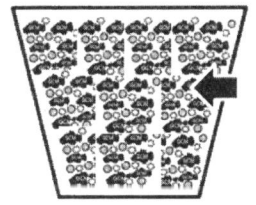

← 1mL당 GCM 1억 개 내외

생각보다 어렵지 않네요?

그렇습니다. 원래 미생물 배양에는 고압멸균기, 발효조 등 수억 원이 넘는 장비와 시설이 필요합니다. 그러나 GCM은 농가에 흔히 있는 25말, 50말 통, 기포기, 겨울에 온도를 조절할 수 있는 히터만 있으면 저렴하게 GCM 미생물 배양공장을 만들 수 있습니다.

제13부 흙토람(토양검정)

스마트폰으로 토양검정결과 보기

네이버 검색창을 예로 들면,
네이버에서 【흙토람 모바일웹】을 치고

【흙토람 모바일웹】을 눌러서 들어가면

흙토람 모바일웹 soil.rda.go.kr/m

【흙토람】에 연결됩니다.

전남 고흥군 고흥읍 남계리 3-3 논의 토양검정결과를 알려면 먼저 【비료사용처방 조회】를 누르고

비료사용처방 조회

【경지구분】에서 논을 선택하고

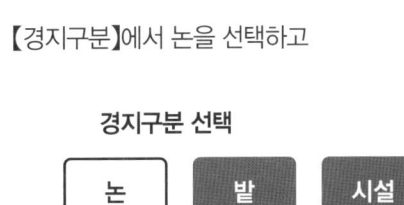

【농경지 지역】과 지번을 선택하고

지역선택

전라남도 / 고흥군
고흥읍 / 남계리
[논] 3-3

【작물】을 선택하면 토양검정날짜가 표시되며, 【결과보기】를 누르면 토양분석결과가 다음과 같이 나타납니다.

작물선택

곡류(벼) / [00000] 벼(일반)
2012-01-03

구분		적정범위	분석치
pH(1:5)		5.5~6.5	5.9
유기물(g/kg)		25~30	25.7
유효인산		80~120	231.0
치환성양이온	칼륨	0.25~0.3	1.16
	칼슘	5.0~6.0	3.8
	마그네슘	1.5~2.0	1.3
규산		157~180	120

토양검정결과 해석은 【칼슘과 마그네슘이 낮기 때문에 석회고토 사용을 게을리하지 말고 인산과 칼륨 함량이 많으므로 저인산, 저칼리 비료를 사용하고 규산질비료를 더 사용해야 하는 토양입니다】라고 설명할 수 있습니다.

정말 필요한 정보를 얻을 수 있네요?

예, 그렇습니다. '흙토람'은 농촌진흥청이 세계 최초로 만든 자랑할 만한 토양정보시스템입니다. 이제는 손안의 스마트폰으로도 흙토람을 이용할 수 있기 때문에 언제 어디서든 토양분석결과를 보면서 토양을 과학적으로 관리하기 바랍니다.

토양검정결과 간편 해석(석회고토, 패화석 선택)

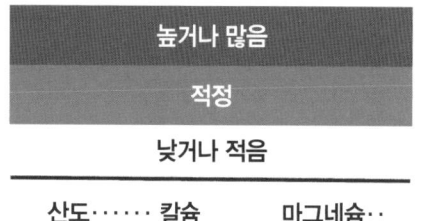

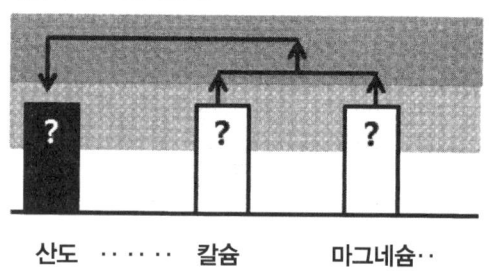

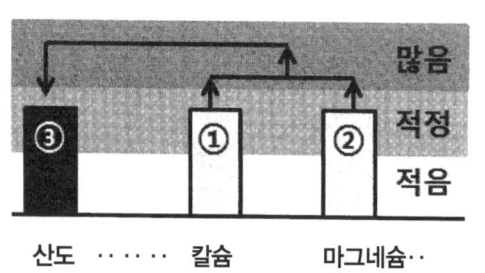

알칼리분은 산성토양을 개량하는 효과를 나타내는데, 함유된 성분은 다르기 때문에

구분	알칼리분	함유 성분
석회고토	51	Ca, Mg
패화석	40	Ca
규산질	40	Si, Ca

칼슘과 마그네슘이 모두 적을 때는 석회고토로 산도를 교정해야 하며

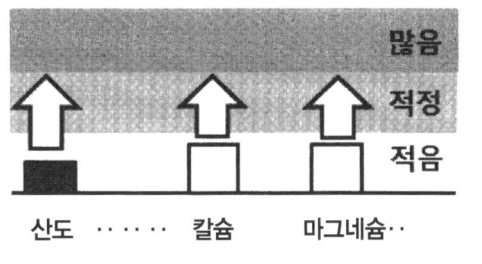

마그네슘은 적정하고 칼슘만 부족한 산성토양은 패화석이 적절하고

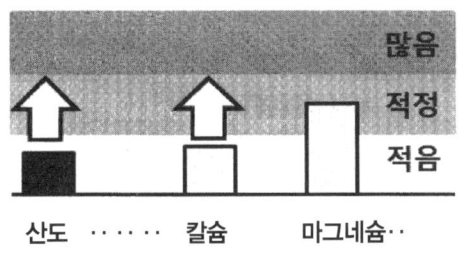

칼슘과 마그네슘 모두 적정하면 기존에 사용하던 방법대로 시비하면 됩니다.

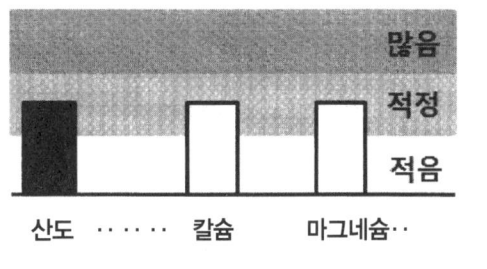

칼슘, 마그네슘이 적은 토양에 패화석을 사용하면 마그네슘이 부족하게 되고

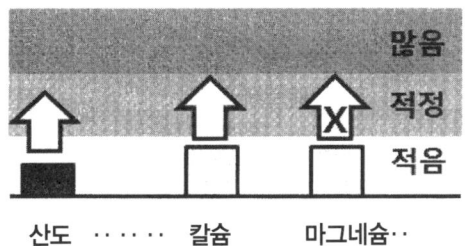

마그네슘이 적정한 토양에 석회고토를 사용하면 마그네슘 과잉이 됩니다.

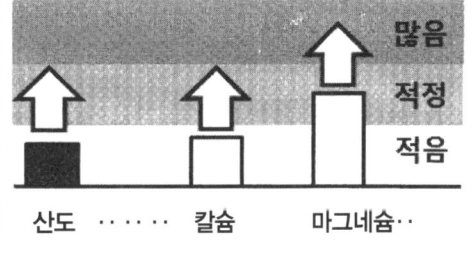

너무 쉽고 간단하네요?

예, 토양검정결과를 보고 석회질 비료를 선택하는 원리는 간단합니다. 석회고토, 패화석, 규산질비료는 같은 예산에서 지원하기 때문에 판매회사는 서로 많이 팔 욕심으로 자기 비료만 좋다고 강조하지만 실제는 토양검정결과의 칼슘과 마그네슘 함량을 보고 선택 하는 것이 현명합니다.

제14부 소소한 지식

가뭄이 해소되는 강우량

먼저 mm로 표시하는 방법을 설명하면, 300평의 면적에 1mm의 비가 오면 1톤에 해당되고

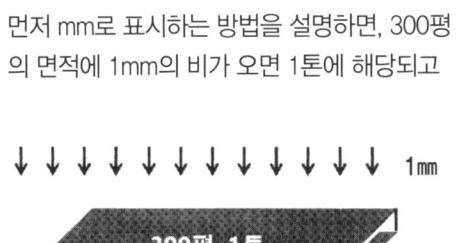

토양의 공극률이 보통 50%이므로 10cm 깊이의 토양을 토양과 공간으로 나누면 각각 5cm가 되며

1mm의 비는 토양 공간 1mm를 적시지만 실제 토양에서는 2mm 깊이가 물로 채워집니다.

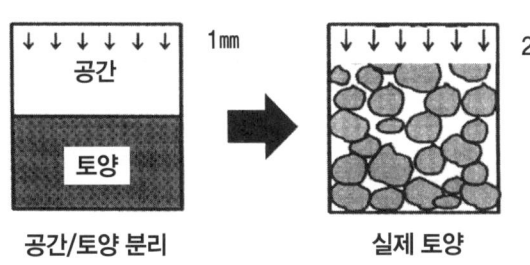

비가 많이 온 직후에는 공간에 물이 가득 채워져 있다가

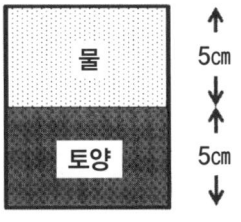

하루 약 2mm의 물이 증발산되어 줄어들어 보름 후에는 가뭄을 느끼게 되고

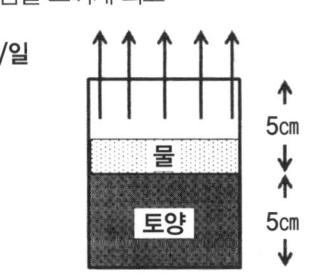

다시 30mm의 비가 내려야 가뭄이 해소됩니다.

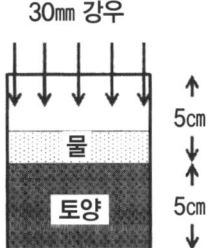

기상청에서 30mm의 비가 내려야 가뭄이 해소된다는 이유가 있군요.

예, 보통 작물의 뿌리 깊이는 10cm까지 많이 분포되는데, 가뭄을 타기 시작한 후에 최소 30mm의 비가 와야 10cm의 토양공간이 물로 채워집니다.
또, 300평에 1톤의 물을 주면 강우량 1mm에 해당된다는 것도 이해하고 물을 관리해야 작물이 건실하게 자랄 수 있는 조건을 맞출 수 있습니다.

희석배수 쉽게 계산하기

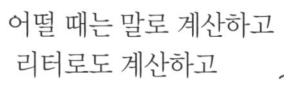

그러나 희석하려는 통의 용량, 희석배수만 정하면 필요한 양은 아래 식을 이용하면 편리한데

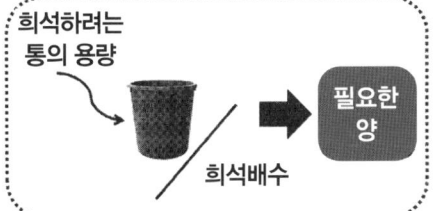

한 말(20리터) 통에 요소를 500배로 희석할 때는 아래와 같이 계산하여 40g을 넣으면 되고

$$20L/500 = 0.04kg = 40g$$

이 양을 농도로 계산하면 0.2%가 됩니다.

$$농도(\%) = 0.04kg/20L \times 100 = 0.2\%$$

같은 방법으로 25말(500리터)에 500배로 희석하려면 아래와 같이 계산하면 되는데

$$500L/500 = 1kg = 1,000g$$

이 방법은 비료, 농약 등 모든 자재의 희석에 이용할 수 있으며 오른쪽의 희석표는 앞에서 설명한 식을 이용하여 계산한 것입니다.

구분	20L (1말)	60L (3말)	200L (10말)	500L (25말)	1,000L (50말)
100배	200	600	2,000	5,000	10,000
500배	40	120	400	1,000	2,000
1,000배	20	60	200	500	1,000
2,000배	10	30	100	250	500

아하, 계산식을 잘 이해하면 실수가 없겠네요?

예, 그렇습니다. 농업인들은 농약, 비료 등을 희석하여 사용할 때가 많은데, 희석배수를 잘못 계산하면 큰 피해를 입을 수 있습니다. 그러나 희석배수를 계산하는 식만 잘 이해해두면 약해 등의 피해를 줄일 수 있습니다.

볏짚을 사료로 팔면 득보다 실이 많다

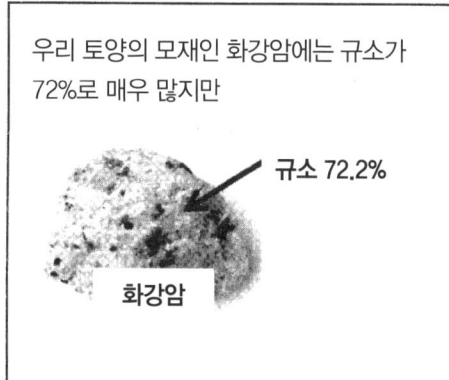
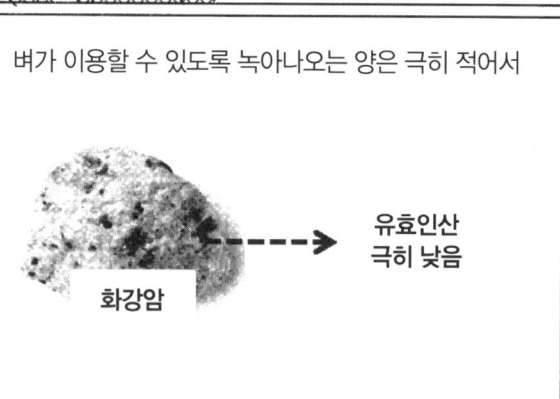
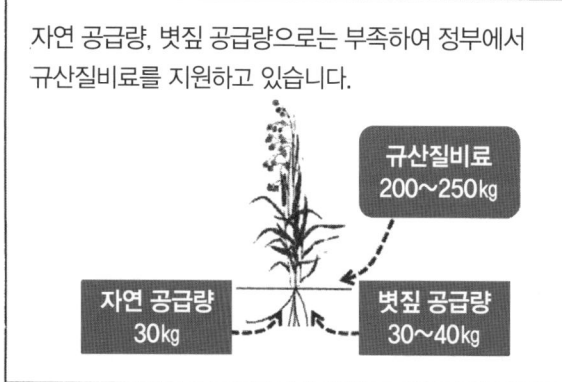

논토양에 유효규산 1ppm을 높이려면 4.2kg의 규산질비료가 필요하며

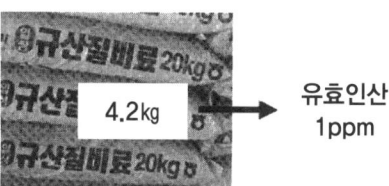

유효인산 1ppm

만약, 논의 유효규산이 100ppm이라면, 239.4kg을 주어야 하고

필요한 규산질비료 양 = (157-100)*4.2
= 239.4kg

*참고: 평균 규산함량 100ppm 내외

논토양의 규산은 3년 주기로 10a(300평)당 200~250kg과 볏짚을 토양에 환원시켜주어야 정상적인 수량과 품질을 얻을 수 있는데

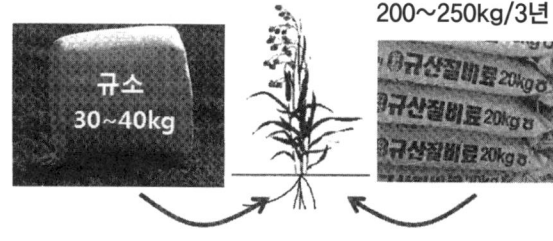

200~250kg/3년

볏짚을 토양에 환원시키지 않으면

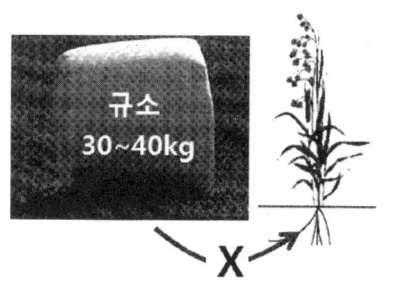

매년 토양 규산함량이 줄어들어

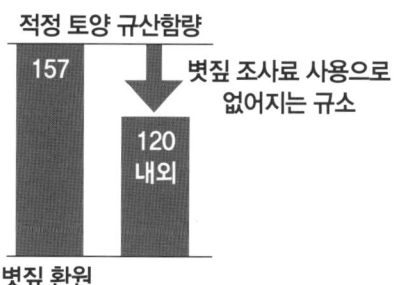

적정 토양 규산함량
157
볏짚 조사료 사용으로 없어지는 규소
120 내외
볏짚 환원

토양 규산함량이 낮아지면 쌀 맛을 나타내는 식미치가 급격하게 떨어지게 됩니다.

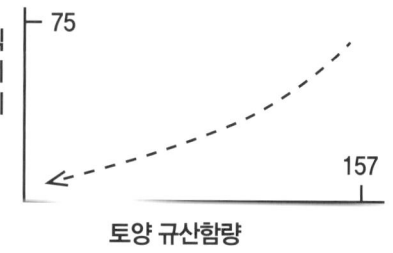

식미치 75 — 157
토양 규산함량

아, 볏짚을 조사료로 파는 것이 심각한 문제가 되겠군요.

그렇습니다. 볏짚을 조사료로 만들어 파는 것은 돈 몇 푼 벌려다가 농경지를 망치고 쌀 맛도 낮아져서 결국 논농사 전체에 악영향을 미칩니다. 볏짚을 조사료로 파는 일은 절대로 없어야 합니다.

농약과 비료를 혼합할 때 주의할 점

옆 동네 농장에 난리가 났대.

왜?

다 지어놓은 농작물을 한번에 망쳤지. 쯧쯧

무슨 일인데?

농약과 비료를 혼합해서 사용했는데, 약해가 났지 뭔가.

다른 사람이 괜찮다니까 혼용했나 봐.

살포시기도 문제고 농도도 강했나 봐.

아휴, 안타까워.

농약과 비료의 혼용은 항상 주의해야 해.

사람이 생각하는 농도와 식물이 느끼는 농도가 다르거든.

농약은 극성(물에 녹아 +, − 성질을 가짐)과 비극성(물에 녹지 않음)이 있고

농약

극성(+, −) · 물에 잘 녹음
↕
비극성 · 물에 안 녹음

비료는 모두 물에 녹아 극성을 띠기 때문에

비료

극성(+, −)

NH_4^+, NO_3^-, PO_4^+, K^+, Ca^{++}, Mg^{++}, SO_4^{--}, Fe^{+++}, BO_3^{---}, Zn^{++} 등

농약과 비료를 같이 물에 녹이면 농약마다 다른 반응들이 일어납니다.

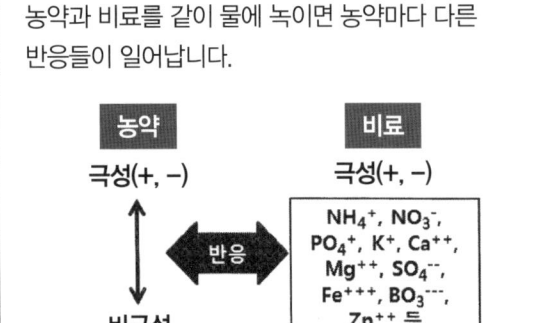

농약과 비료를 혼합할 때는

어떤 반응이 일어날지 주의해야겠네요?

사람들은 각각의 컵에 설탕 1스푼, 소금 1스푼을 넣었을 때 느끼는 단맛과 짠맛이나

한 컵에 설탕 1스푼, 소금 1스푼을 모두 넣어 느끼는 단맛과 짠맛의 차이를 크게 느끼지 못하지만

식물은 각각의 컵에 농약 1g, 비료 1g을 넣어 사용해야 하는 것을

한 컵에 농약 1g, 비료 1g을 모두 넣으면

마치 반 컵에 농약 1g, 나머지 반 컵에 비료 1g을 넣은 것과 같이 느껴서

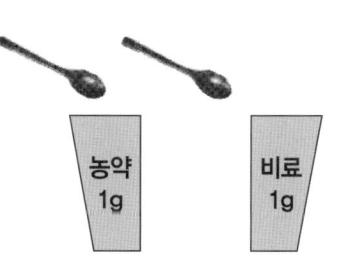

식물에는 농약 또는 비료를 2배의 농도로 살포하는 것과 같은 약해가 나타납니다.

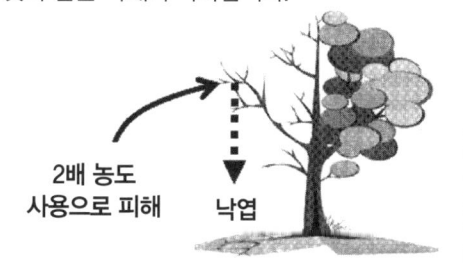

그렇다고 적게 넣으면 효과가 떨어지잖아요?

예, 그렇지요.
농약과 비료, 또는 농약과 농약, 비료와 비료를 혼합하면 약해가 자주 나타나는 이유 중의 하나가 혼용하면서 농도가 높아지기 때문입니다.
그래서 약제를 혼합할 때는 항상 농도가 2배로 높아진다는 것을 주의해야 합니다.

우리나라 점토인 고령토 만들어지는 과정

- 우리나라 점토가 고령토라며?
- 그랬던가?
- 영어로는 카올리나이트(kaolinite)라고 하지.
- kaolinite?

- 점토의 종류는 여러 가지인데
- 암석이 무엇인지 기후가 어떤지에 따라 점토도 달라진다더구먼.
- 그래?
- 점토면 모두 같은 거 아닌가?

암석은 풍화되어 다양한 점토로 변하는데

암석 → 풍화 →
- 클로라이트
- 버미큘라이트
- 몬모릴로나이트
- 일라이트
- 카올리나이트

양분이 많은 암석은 기후 여건에 따라 기름진 토양(점토)을 만들고

양분이 많은 암석 → 풍화 → 비옥한 토양

양분이 적은 암석은 척박하고 양분보유능력이 낮은 토양을 만듭니다.

양분이 적은 암석 → 풍화 → 척박한 토양

- 어? 그래요?
- 우리나라 점토인 고령토는 어때요?

고토, 석회 등이 많은 광물로 구성된 암석은 주로 버미큘라이트, 몬모릴로나이트 등을 만드는데

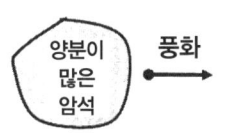
- 클로라이트
- 버미큘라이트
- 몬모릴로나이트
- 일라이트

예를 들어, 운모가 많은 토양은 양분보유능력이 매우 크고 양분이 많은 버미큘라이트를 만들지만

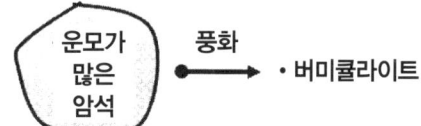

우리나라 주요 암석인 화강암은 양분함량이 적은 석영과 장석으로 구성되어 있으며

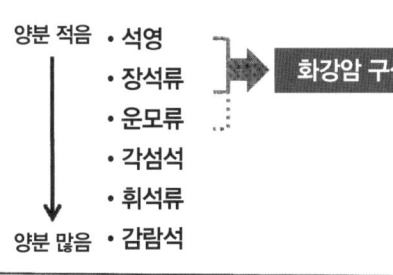

고온다습한 기후에서 점토로 풍화되는 과정에서 염기성 칼슘, 마그네슘이 쉽게 용탈되어

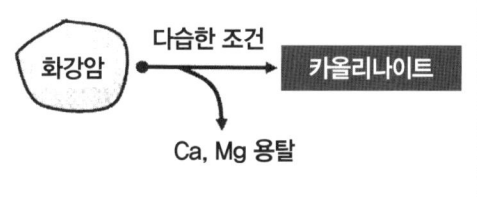

양분이 적은 산성토양을 만들며,

양분보유능력을 나타내는 양이온교환용량(CEC, cmol/kg)도 매우 낮은 점토로 분류됩니다.

- 버미큘라이트   100~200
- 몬모릴로나이트   80~150
- 일라이트   20~40
- 카올리나이트   2~15

우리 점토가 불리한 점이 많은데 어떻게 하면 좋지요?

그래서 우리나라 토양을 구성하는 점토인 카올리나이트는 석회와 고토가 많이 용탈되었기 때문에 석회질비료를 잘 주어야 하고 양이온교환용량이 낮아 양분을 보유하는 그릇이 작기 때문에 토양을 분석하여 비료성분이 많고 적음을 파악하고 비료를 주어야 과잉과 결핍을 피할 수 있습니다.

한반도 토양의 유래와 낮은 비옥도

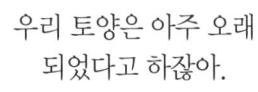

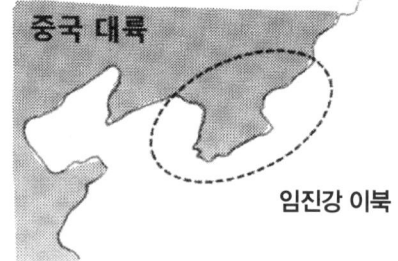

한반도를 이루고 있는 암석인 화강암에는 규산과 알루미늄이 많고 다른 성분은 적은데

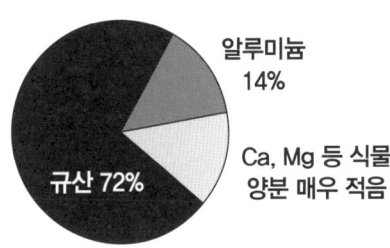

그 이유는 화강암의 조암광물인 석영, 장석류가 식물양분이 적기 때문이며

석영 SiO_2
백운모 $KAl_3Si_3O_{10}(OH)_2$
미사장석 $KAlSi_3O_8$
정장석 $KAlSi_3O_8$

화강암

고온다습하여 좋은 토양이 될 수 있는 조건이지만 화강암이 풍화에 대한 저항성이 매우 커서 느리게 풍화되면서 K, Ca, Mg이 용탈되어 산성이 강해지며, 양분보유능력이 매우 낮은 카올리나이트 점토가 만들어져서

화강암

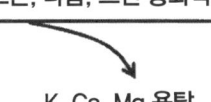
고온, 다습, 느린 풍화작용
K, Ca, Mg 용탈

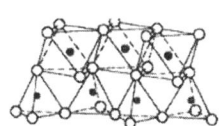
Kaolinite(고령토)

• 낮은 양분보유능력
• 산성토양
• 낮은 비옥도

나이는 오래되었지만 척박하고 토층 분화가 약한 젊은 토양이 대부분이며

엔티솔   인셉티솔

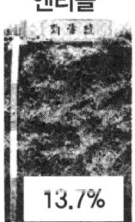 

13.7%   69.2%

• 토양생성 미약
• 토층분화 낮음
• 척박한 토양
• 낮은 비옥도

전 세계 12개 토양 중에서 한반도 토양은 비옥도가 매우 낮은 토양에 속합니다.

비옥도

• 몰리솔(Mollisols): 비옥도 높은 토양

• 인셉티솔(Inceptisols)
• 엔티솔(Entisols)

야, 농사짓는 데 고생이 많겠네요.

예, 그렇습니다. 우리 토양은 무기질비료 없이 섣불리 유기농업을 하기에는 토양조건이 너무 나쁩니다. 그래서 농사를 지을 때는 무기질비료와 유기질비료를 조화롭게 사용하여 항상 양분이 충분히 공급되는지를 살펴보아야 합니다.

만화로 이해하는
흙과 비료 이야기
❸ 흙과 비료 더하기

인쇄일 2022년 4월 5일
발행일 2022년 4월 11일

글·그림 현해남

발행인 이성희
편집인 하승봉

펴낸곳 (사)농민신문사
마케팅 남우균 김진철
출판등록 제25100-2017-000077호
주소 서울시 서대문구 독립문로 59
전화 02-3703-6136
팩스 02-3703-6213
홈페이지 http://www.nongmin.com

이 책은 저작권법에 따라 보호를 받는 저작물이므로 무단전재와 무단복제를 금지하며, 내용의 전부 또는 일부를 이용하려면 반드시 저작권자와 (사)농민신문사의 서면동의를 받아야 합니다.

ⓒ 농민신문사 2022
ISBN 978-89-7947-184-7(04520)
잘못된 책은 바꾸어 드립니다. 책값은 뒤표지에 있습니다.